普通高等教育机电类系列教材

制图应用习题集

主　编　梁会珍　戚　美　袁义坤
副主编　杨德星　顾东明　王　瑞　李建楠　王逢德
参　编　苗　伟　黄晓松　王立夫　付琪琪　黄常乘　赵彬杰　王伯韬
主　审　王　农

机械工业出版社

本习题集与梁会珍等编写的《制图应用》教材配套使用，根据教育部高等学校工程图学教学指导委员会最近制定的《高等学校工程图学课程教学基本要求》，结合应用型高校人才培养目标编写而成。

本习题集内容包括：标准件和常用件、零件图、装配图、焊接图和展开图等其他工程图样以及计算机绘图。

本习题集可供高等工科学校机械类、近机类各专业使用，也可供高等职业技术学院、成人教育学院的学生，高等教育自学考试的考生使用及工程技术人员参考。

图书在版编目（CIP）数据

制图应用习题集/梁会珍，戚美，袁义坤主编. —北京：机械工业出版社，2018.12
（2025.1重印）
普通高等教育机电类系列教材
ISBN 978-7-111-61465-4

Ⅰ.①制⋯　Ⅱ.①梁⋯②戚⋯③袁⋯　Ⅲ.①机械制图－高等学校－习题集
Ⅳ.①TH126-44

中国版本图书馆CIP数据核字（2018）第265641号

机械工业出版社（北京市百万庄大街22号　邮政编码100037）
策划编辑：王勇哲　责任编辑：王勇哲　余　皞
责任校对：刘志文　封面设计：马精明
责任印制：张　博
天津市光明印务有限公司印刷
2025年1月第1版第5次印刷
370mm×260mm・8印张・94千字
标准书号：ISBN 978-7-111-61465-4
定价：21.00元

电话服务　　　　　　　　网络服务
客服电话：010-88361066　　机　工　官　网：www.cmpbook.com
　　　　　010-88379833　　机　工　官　博：weibo.com/cmp1952
　　　　　010-68326294　　金　书　网：www.golden-book.com
封底无防伪标均为盗版　机工教育服务网：www.cmpedu.com

前 言

制图应用课程是实践性很强的专业基础课。使用与教材配套的习题集进行画图练习、看图实践，是学习本课程不可缺少的重要环节。本习题集与梁会珍等编写的《制图应用》教材配套使用，习题集各章内容的编排顺序与教材完全一致。本习题集中设置的题目难易结合且循序渐进，有利于培养学生形象直觉思维与抽象逻辑思维相结合的工程图学思维方式，同时也希望给学生创建一个适宜自主学习和创造性学习的环境。

本习题集可供高等工科学校机械类、近机类各专业的学生使用，也可供高等职业技术学院、成人教育学院的学生，高等教育自学考试的考生使用及工程技术人员参考。

本习题集具有以下特点：

1. 题目与生产实际紧密结合，有较强的针对性、实用性。
2. 贯彻现行《机械制图》《技术制图》国家标准。
3. 习题的编排由易到难，循序渐进，前后衔接。
4. 掌握计算机绘图技能已是当今信息时代对技术人员的基本要求，本习题集增加了大量二维图形和工程图样训练内容，可帮助学生短期内快速掌握计算机绘图技能。
5. 标有"＊"的习题，教师可根据本校学时情况选用。

本习题集由山东科技大学梁会珍、戚美、袁义坤任主编，杨德星、顾东明、王瑞、李建楠、王逢德任副主编，参加编写工作的有苗伟、黄晓松、王立夫、付琪琪、黄常乘、赵彬杰、王伯韬。全书由山东科技大学王农教授主审，并提出了许多宝贵意见，在此表示真挚的感谢！

限于我们的水平和教学改革实践的局限，本习题集中难免存在缺漏或错误，恳请各位专家和广大读者批评指正。

编 者
2018 年 6 月

目 录

前言
第一章　标准件和常用件 …………………………………… 1
第二章　零件图 ……………………………………………… 5
第三章　装配图 ……………………………………………… 12
第四章　其他工程图样 ……………………………………… 18
第五章　计算机绘图 ………………………………………… 20
参考文献 ……………………………………………………… 30

第一章 标准件和常用件

1-1 螺纹的规定画法及标注

班级　　　　姓名　　　　学号

1. 已知杆件的直径 d 为 φ20mm，在杆的左端制出大径为 M20，长度为 30mm 的粗牙普通螺纹，左端倒角为 C2（小径约等于 0.85d），试画出螺杆的主、左视图。

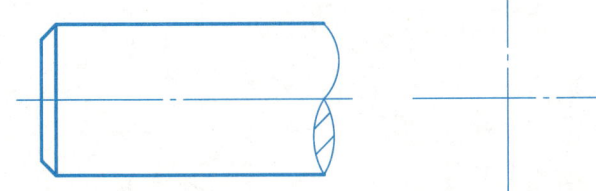

2. 在机件的左端制有 M20 的粗牙普通螺孔，钻孔深为 40mm，螺纹孔深为 30mm，试画出螺纹孔的主、左视图。

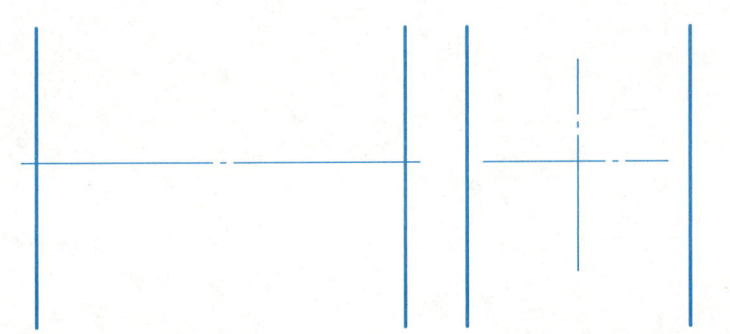

3. 将题 1、题 2 的内、外螺纹画成连接图，旋合长度为 20mm。

4. 找出下列画法中的错误（打 × 号），并将正确的图形画在下方。

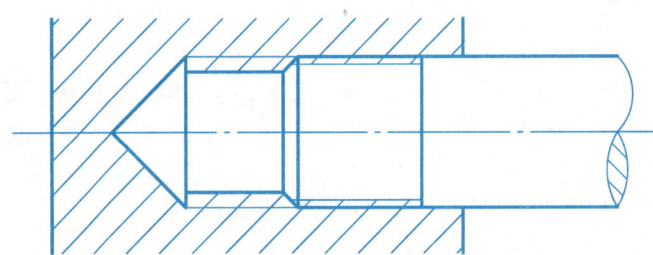

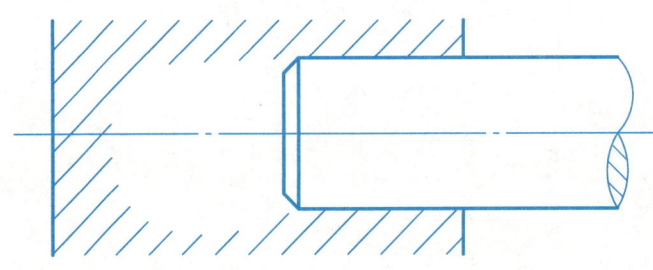

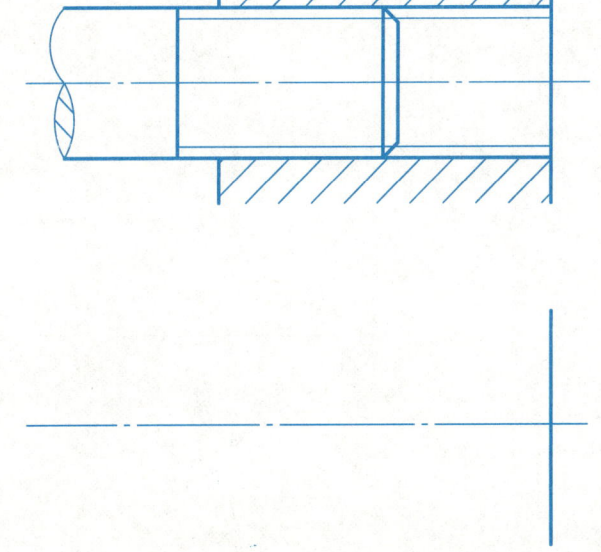

5. 在下列图中标注出螺纹的规定标记。

（1）粗牙普通螺纹，公称直径为 φ16mm，螺距 2mm，右旋，中径、顶径公差带分别为 5g、6g，短旋合长度。

（2）细牙普通螺纹，公称直径为 φ16mm，螺距 1mm，右旋，中径、顶径公差带为 7H，长旋合长度。

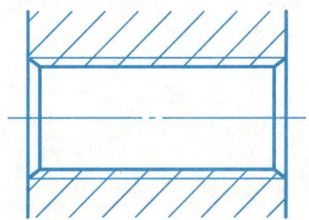

（3）梯形螺纹，公称直径为 φ40mm，导程 14mm，螺距 7mm，双线，左旋，中径公差带为 8e，中等旋合长度。

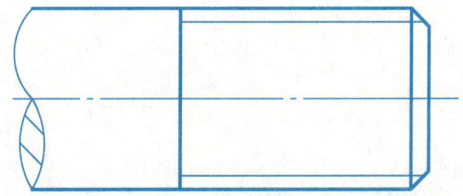

（4）55°非密封管螺纹，尺寸代号为 3/4，精度 A 级，左旋。

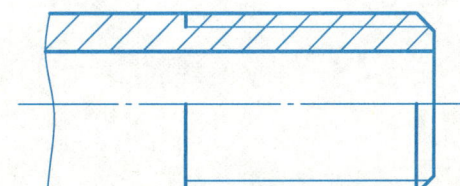

1-2 螺纹连接件的装配画法

班级　　姓名　　学号

1. 已知螺纹连接件为：螺栓 GB/T 5782 M16×80，螺母 GB/T 6170 M16，垫圈 GB/T 97.1 16，画出螺栓连接的装配图（主视图全剖，左视图画外形）。

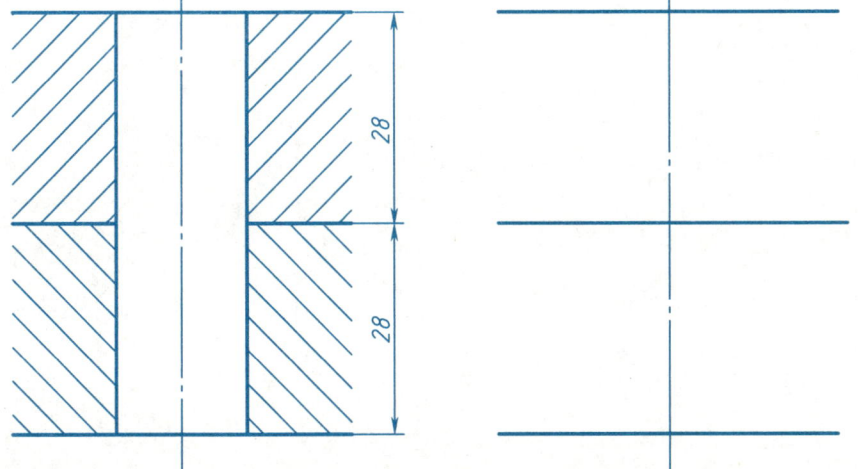

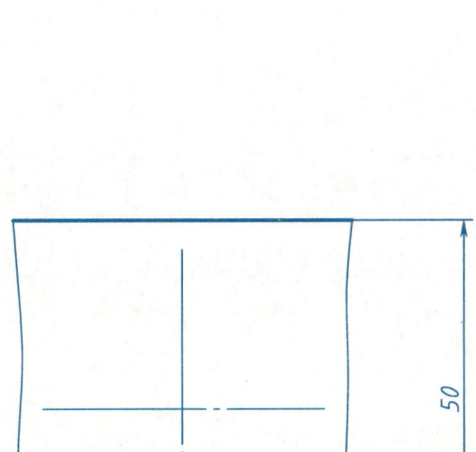

2. 已知螺纹连接件为：双头螺柱 GB/T 898 M16×40，螺母 GB/T 6170 M16，垫圈 GB/T 93 16，机体为铸铁，画出螺柱连接的装配图。

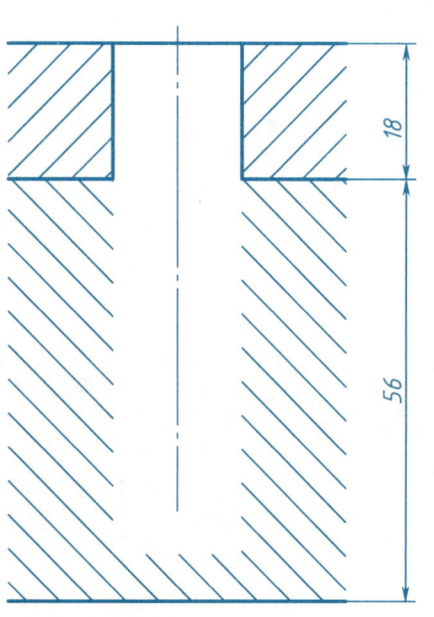

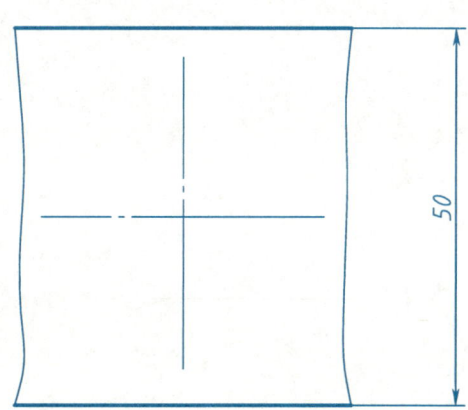

3. 已知螺纹连接件为：螺钉 GB/T 67 M8×20，机体为铸铁，用比例画法画出螺钉连接的装配图（2:1）。

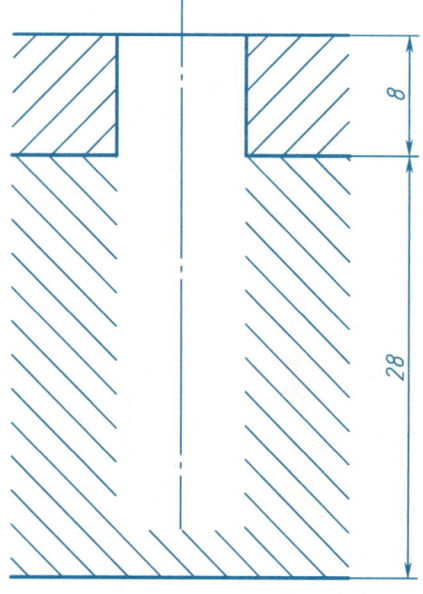

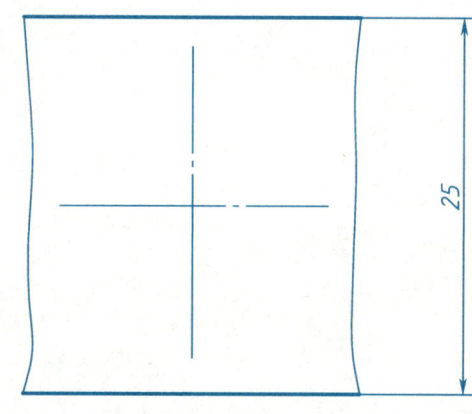

1-3 键、轴承和弹簧的画法

班级　　　姓名　　　学号

1. 已知齿轮和轴用 A 型普通平键连接。轴直径和齿轮孔径为 42mm，键的长度为 40mm：
（1）查表确定键和键槽的尺寸，用 1∶2 的比例画出轴和齿轮上键槽的断面图和视图，并标注尺寸；（2）写出键的规定标记；（3）画全键连接的装配图。

键的规定标记_____

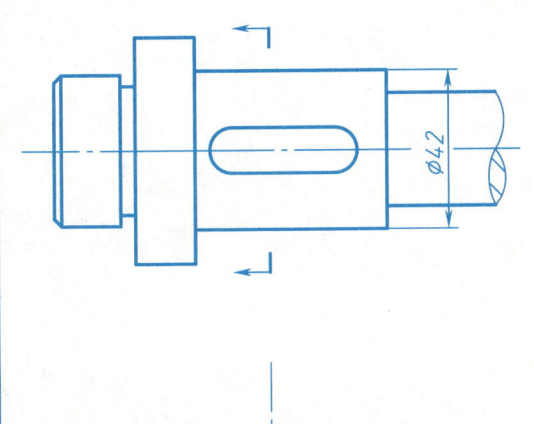

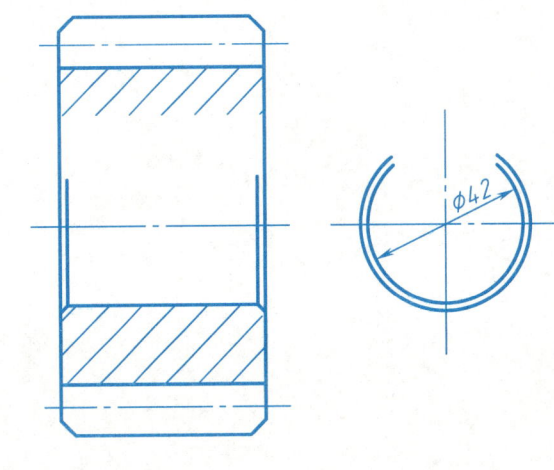

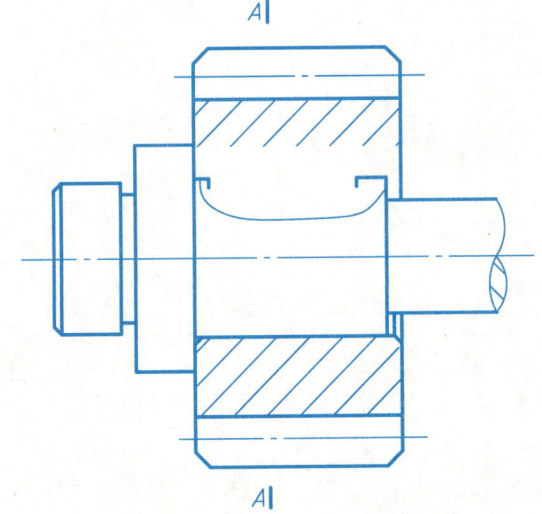

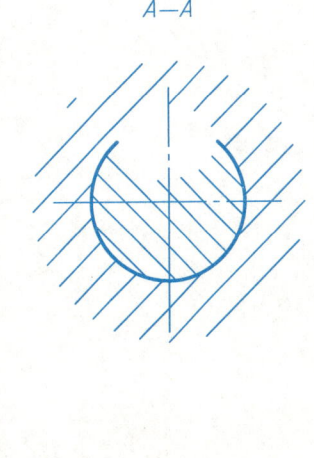

2. 已知阶梯轴两端支承轴肩处的直径分别为 25mm 和 15mm，用 1∶1 的比例画出支承处的滚动轴承（规定画法）。

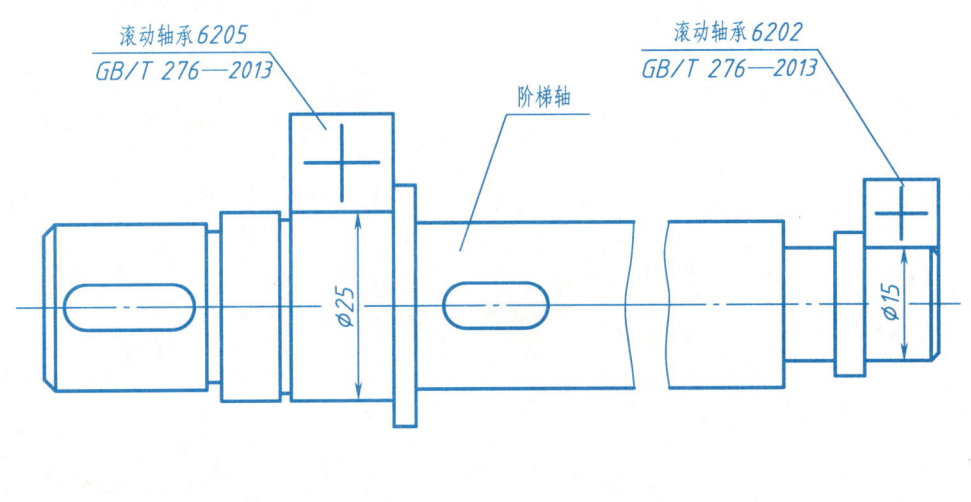

3. 一圆柱螺旋压缩弹簧外径为 42mm，有效圈数 n 为 7，支承圈数 n_2 为 2.5，节距 t 为 12mm，弹簧丝直径 d 为 6mm，右旋。用 1∶1 的比例画出弹簧的剖视图。

1-4 销、齿轮的规定画法

1. 选取适当长度的公称直径为 8mm 的销，画出销连接的装配图，并写出销的规定标记。

（1）圆柱销
销的规定标记：＿＿＿＿＿

（2）圆锥销
销的规定标记：＿＿＿＿＿

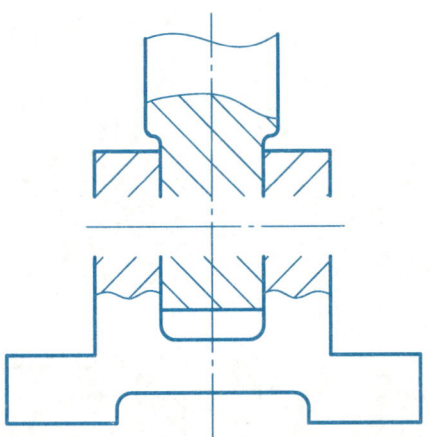
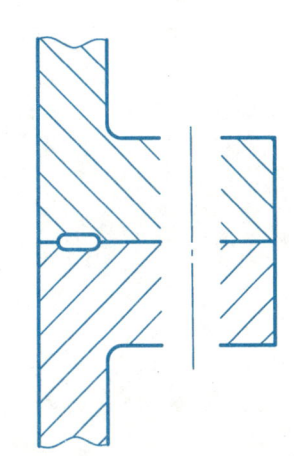

2. 已知一直齿圆柱齿轮 $m=3$mm，$z=23$，试计算 d、d_a、d_f，并按规定画法画全齿轮的两个视图，注全尺寸，其中倒角均为 $C1$。

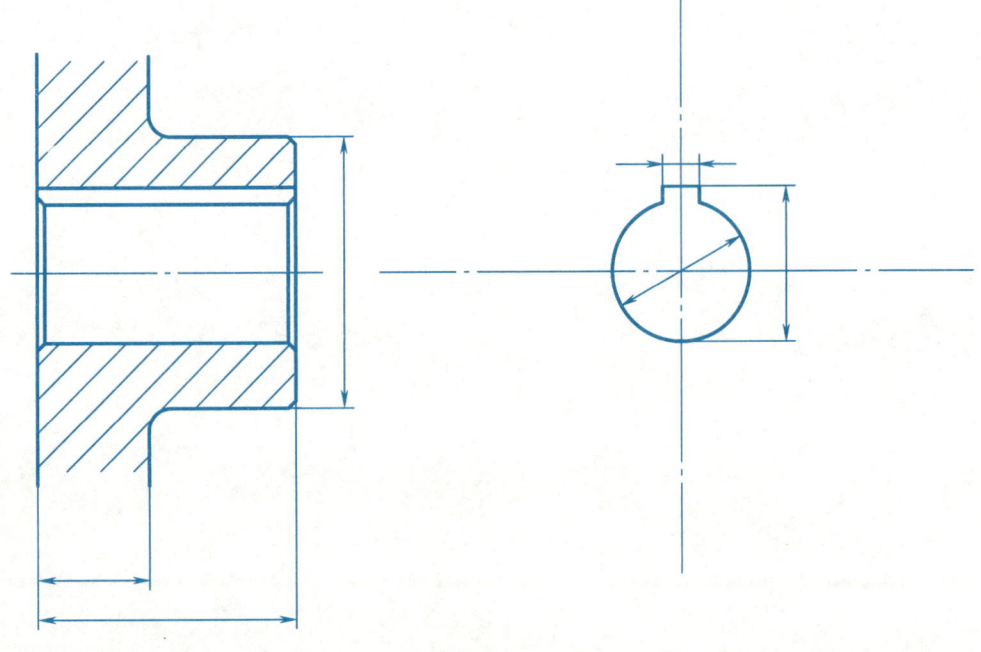

3. 已知一对直齿圆柱齿轮啮合，模数 $m=3$mm，小齿轮齿数 $z_1=16$，中心距 $a=66$mm，求两个齿轮的分度圆、齿顶圆和齿根圆直径，并按规定画法画全两齿轮啮合的两个视图。

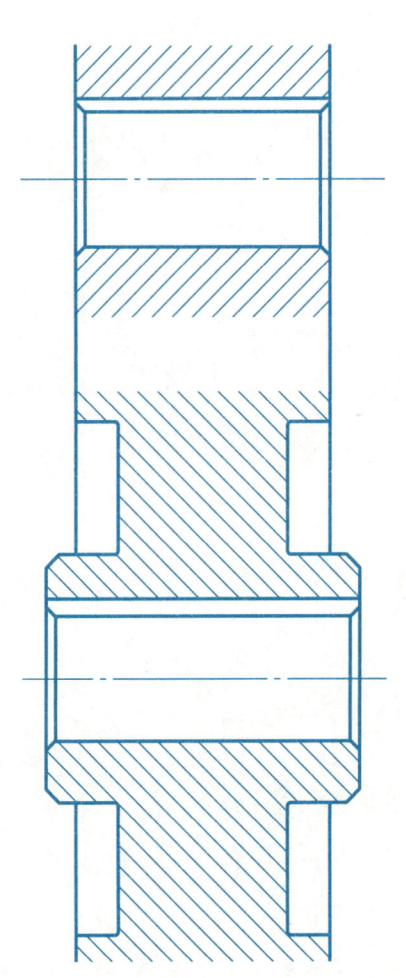
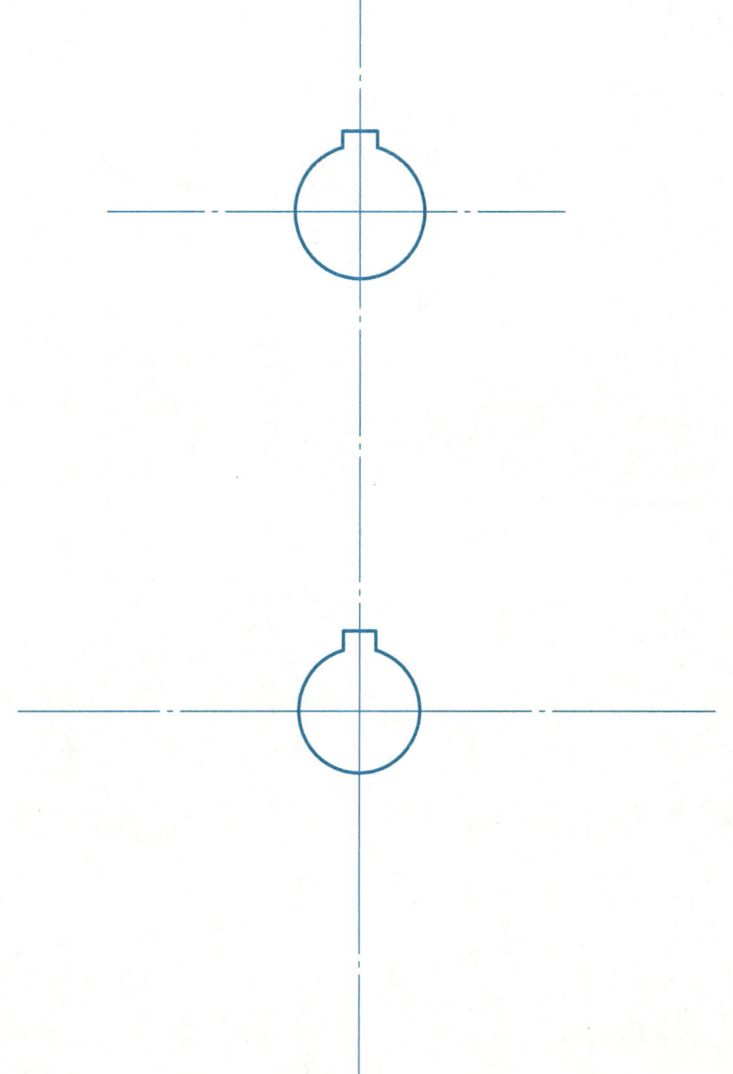

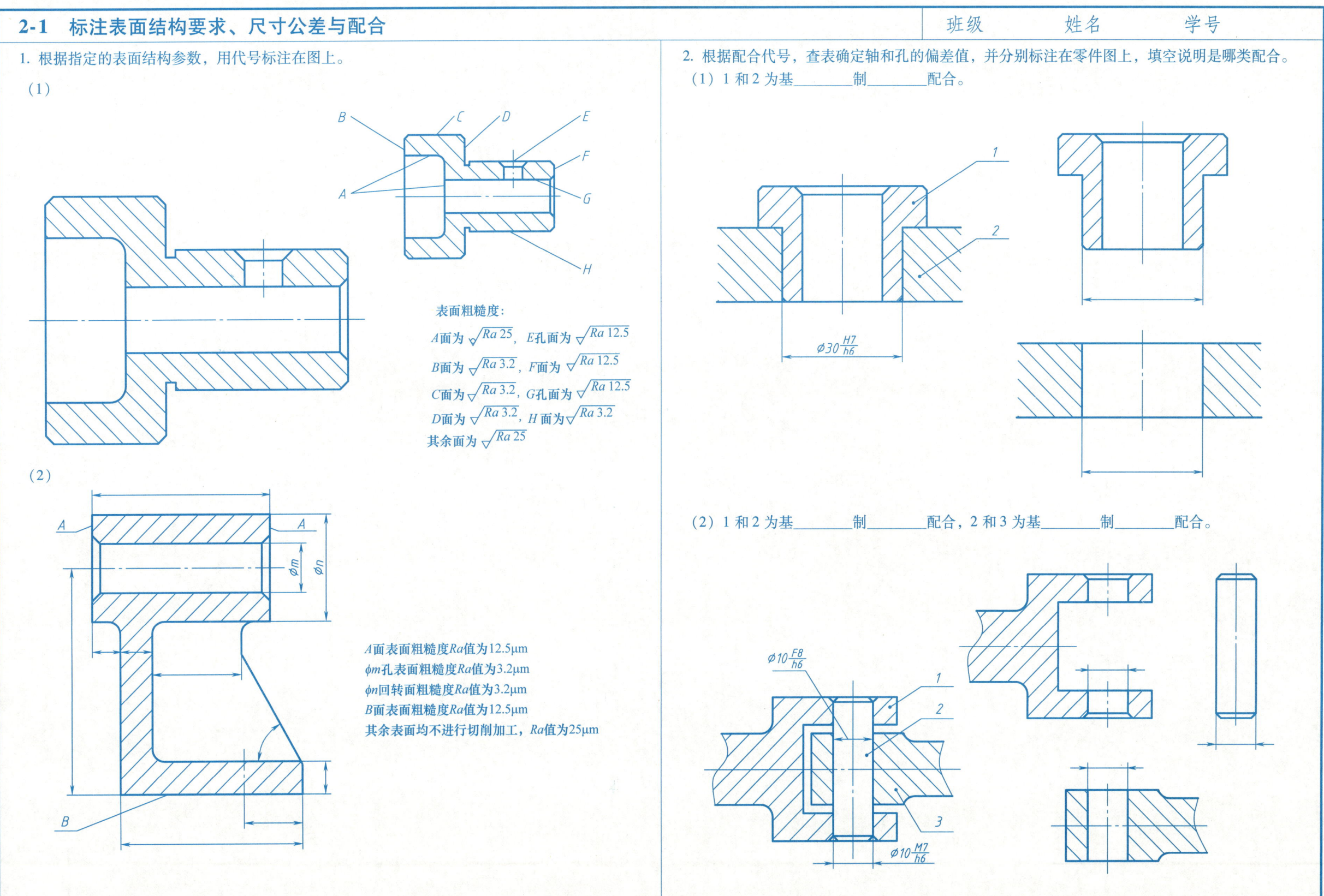

2-2　表面粗糙度、极限与配合

班级　　　姓名　　　学号

1. 已知各零件参数见下表：

名称	公称尺寸	基本偏差代号	公差等级
孔	φ30	H	IT7
套（外圆）	φ30	s	IT6
套（内孔)	φ18	F	IT8
轴	φ18	h	IT7

（1）试在图 a)、b)、c) 中以公差带代号和偏差数值形式标注各孔、轴的尺寸。
（2）将三个零件装配成一体，在图 d) 中标注配合尺寸。
（3）孔与套的配合为基＿＿＿制＿＿＿配合，套与轴的配合为基＿＿＿制＿＿＿配合。

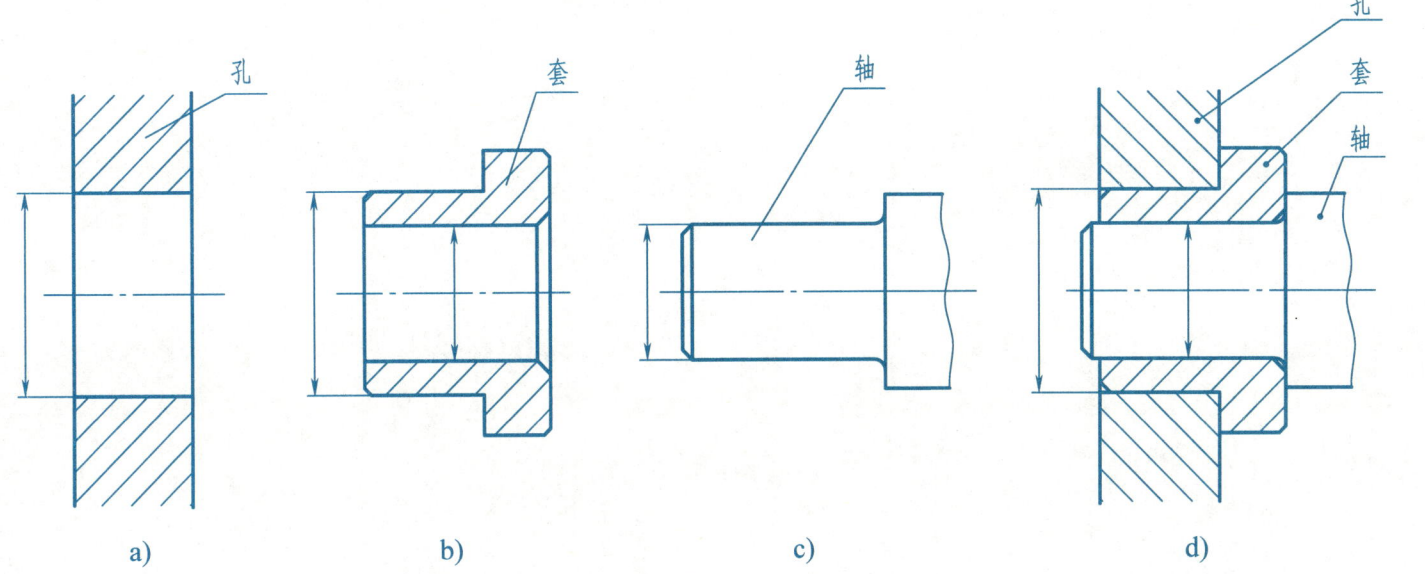

a)　　　b)　　　c)　　　d)

2. 说明图中几何公差的含义。

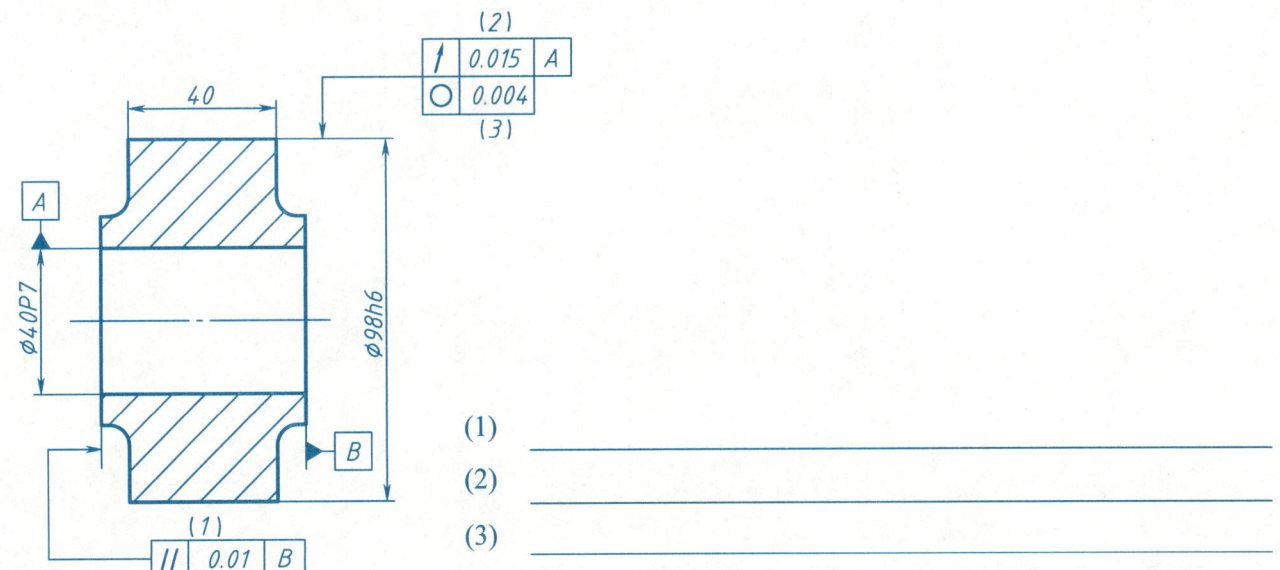

(1) ＿＿＿＿＿＿＿＿＿＿＿＿＿
(2) ＿＿＿＿＿＿＿＿＿＿＿＿＿
(3) ＿＿＿＿＿＿＿＿＿＿＿＿＿

3. 说明装配图上配合代号的含义。

φ20H7/m6：φ20 表示＿＿＿＿，H7 的含义是＿＿＿＿，
m6 的含义是＿＿＿＿，表示基＿＿制＿＿＿配合。

φ30F7/h6：φ30 表示＿＿＿＿，F7 的含义是＿＿＿＿，
h6 的含义是＿＿＿＿，表示基＿＿制＿＿＿配合。

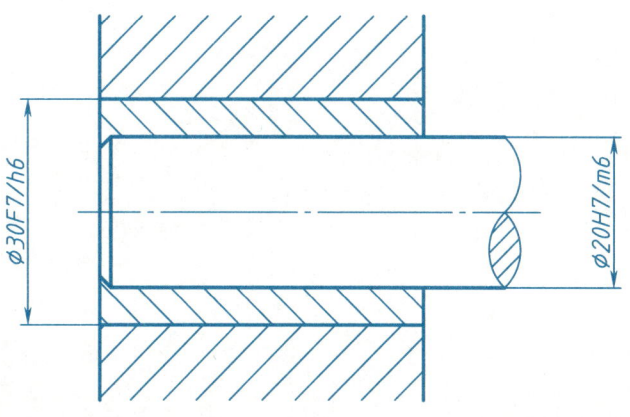

4. 根据文字说明，在图中标注几何公差。
（1）φ50g6 的圆柱度公差为 0.03mm。
（2）φ50g6 的轴线对 φ25H7 轴线的同轴度公差为 φ0.05mm。
（3）右端面对 φ25H7 轴线的垂直度公差为 0.15mm。

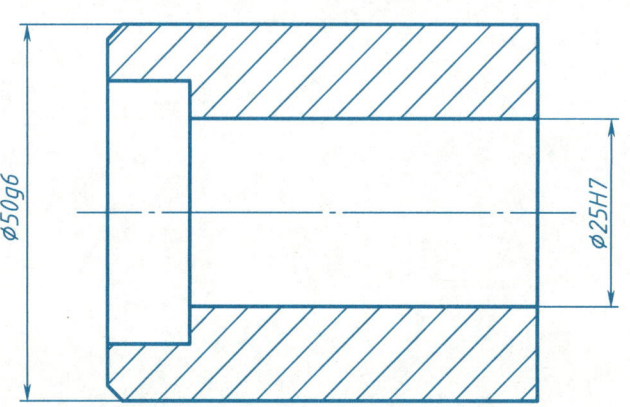

2-3 根据轴测图，选择合理的表达方案画零件图

1.
名称：轴支座
材料：HT200

加工面均为：$\sqrt{Ra\ 12.5}$

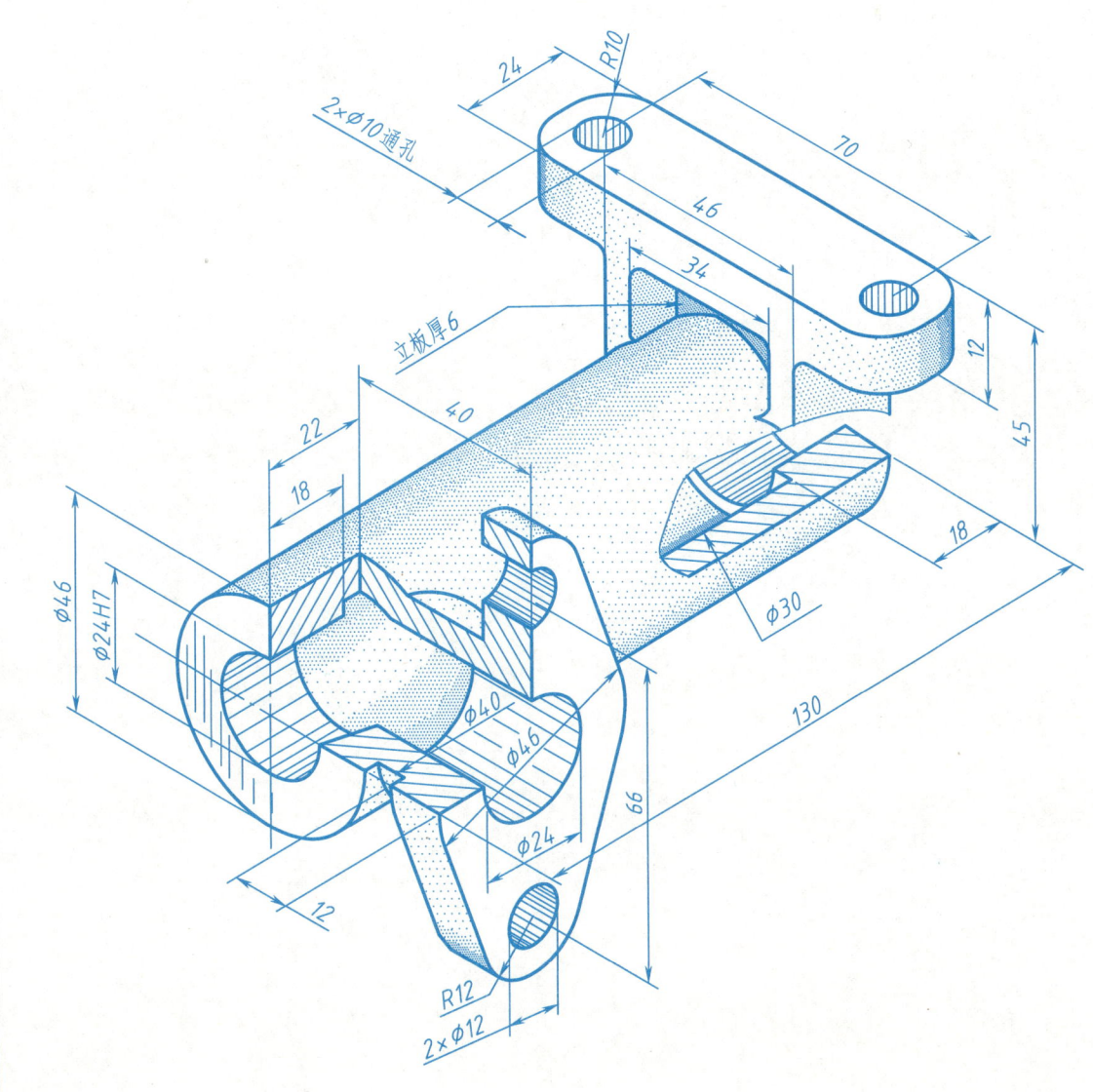

技术要求
1. 未加工面去飞边，涂防锈漆。
2. 未注铸造圆角 R2～R3。
3. 铸件不得有裂纹、气孔、砂眼、缩孔和夹渣等缺陷。

2.
名称：泵盖
材料：HT150

加工面均为：$\sqrt{Ra\ 25}$

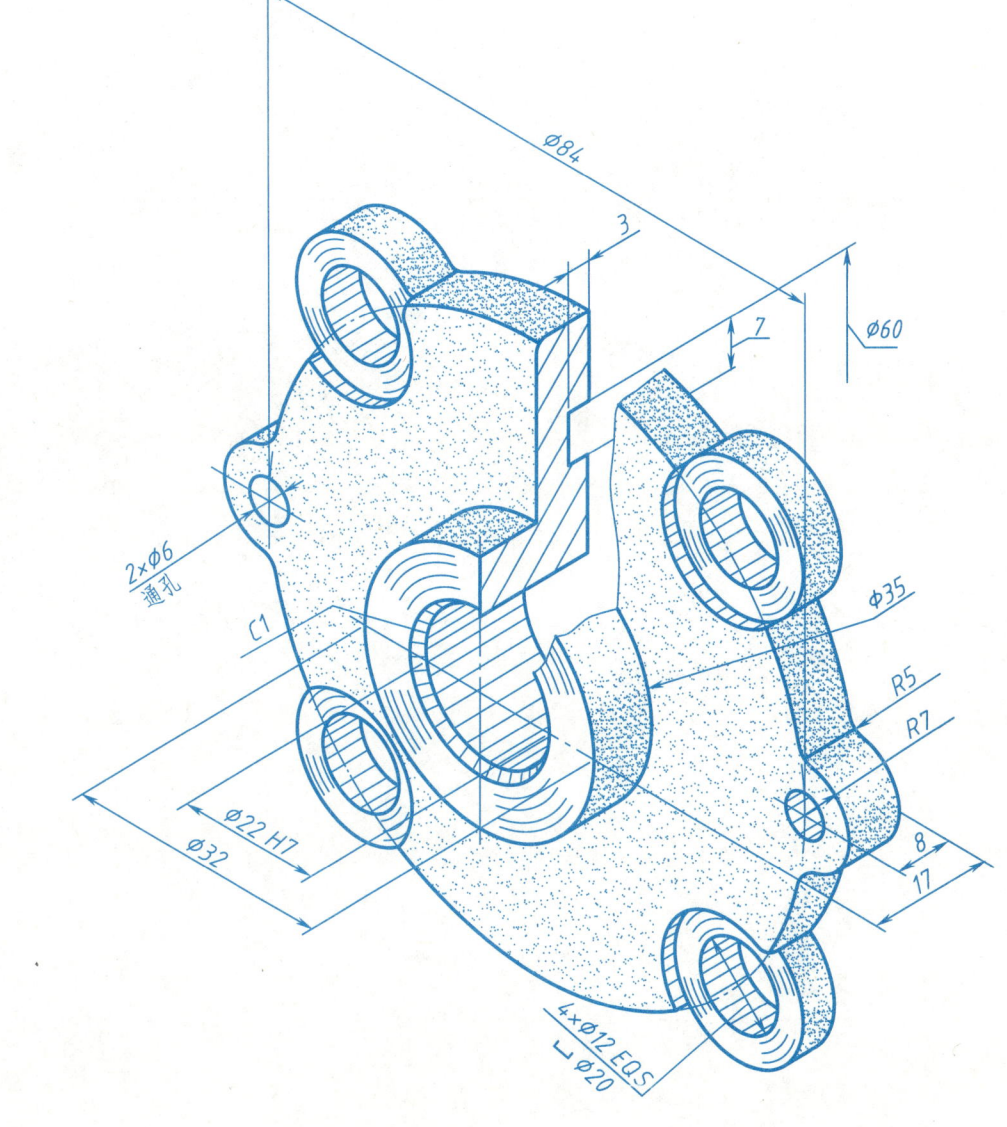

技术要求
1. 未加工面去飞边，涂防锈漆。
2. 未注铸造圆角 R2～R3。
3. 铸件不得有裂纹、气孔、砂眼、缩孔和夹渣等缺陷。

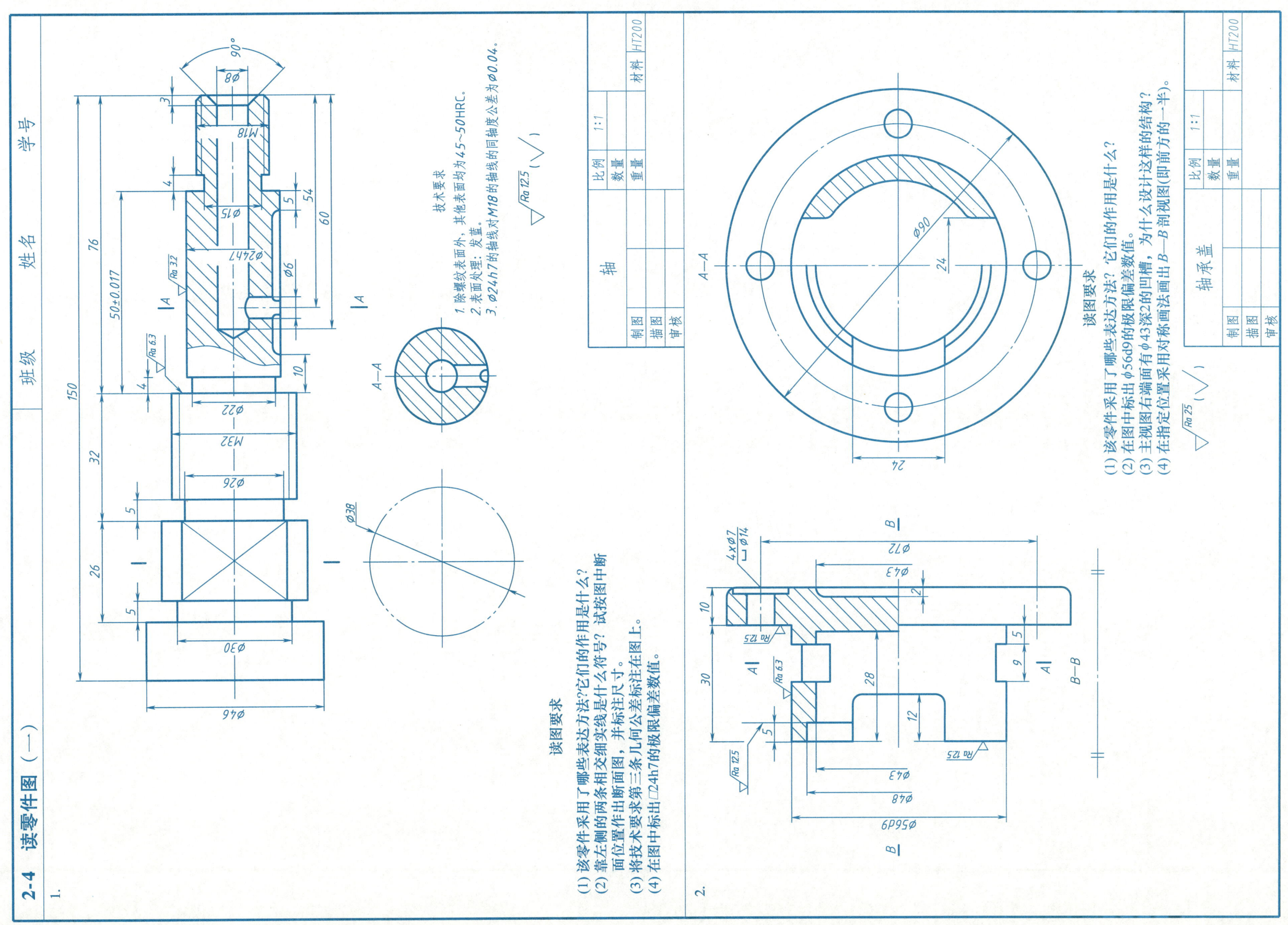

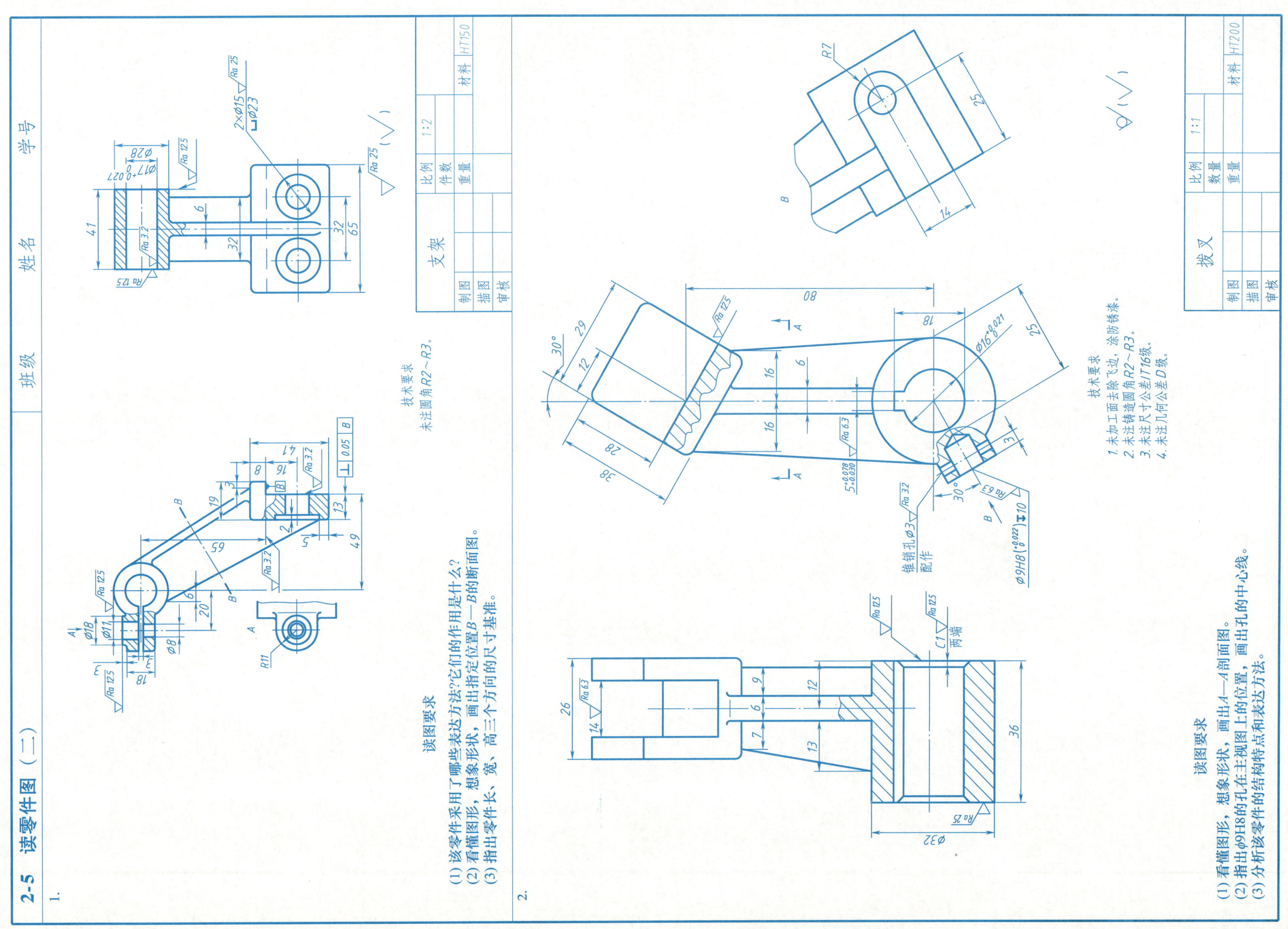

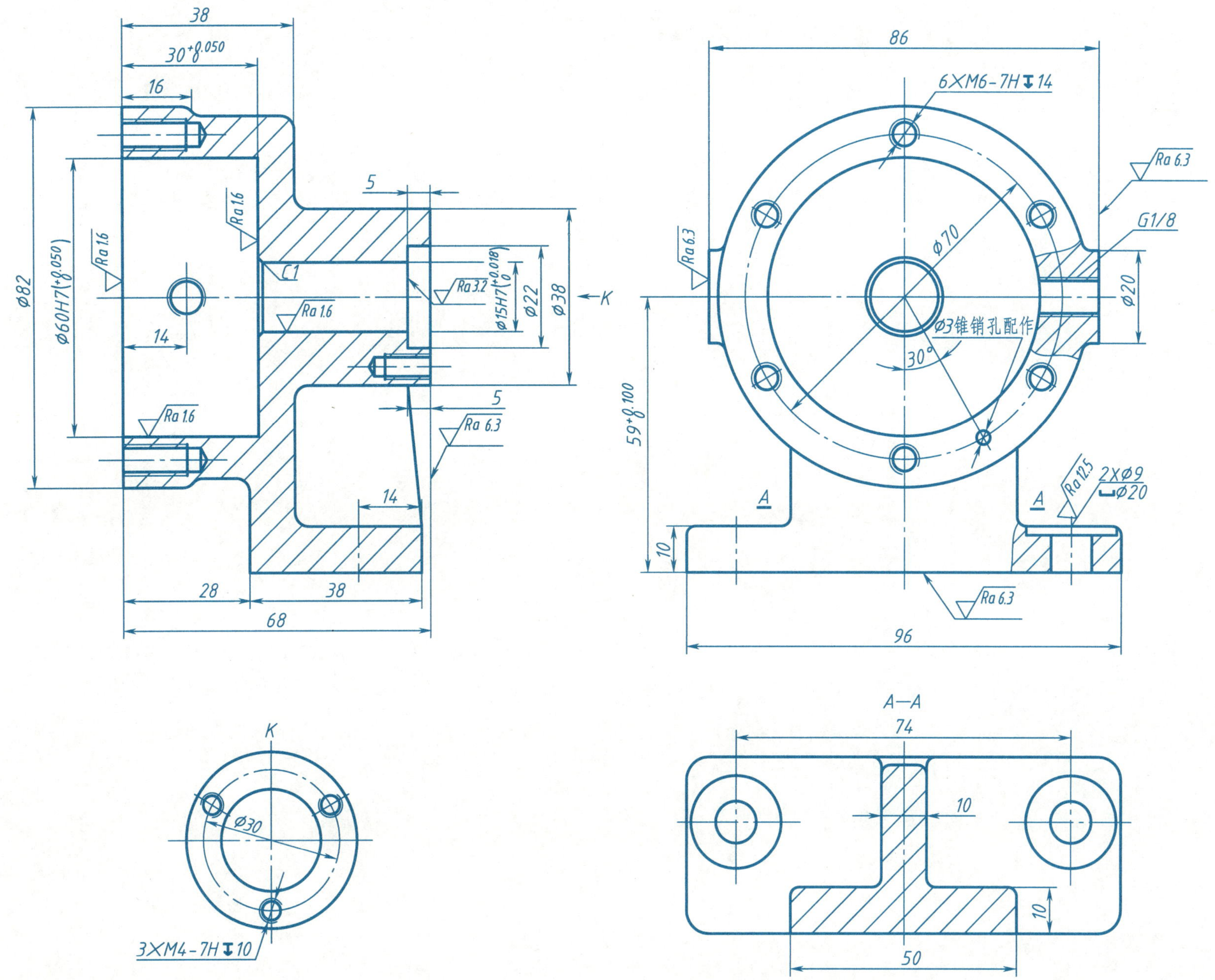

2-6 读零件图（三）

技术要求
1. 未加工面去飞边，涂防锈漆。
2. 未注铸造圆角R2～R3。

读图要求
(1) 看懂图形，想象形状，画出右视图。
(2) 标出长、宽、高三个方向的尺寸基准。

泵体		比例	1:1
		数量	
制图		重量	
描图		材料	HT200
审核			

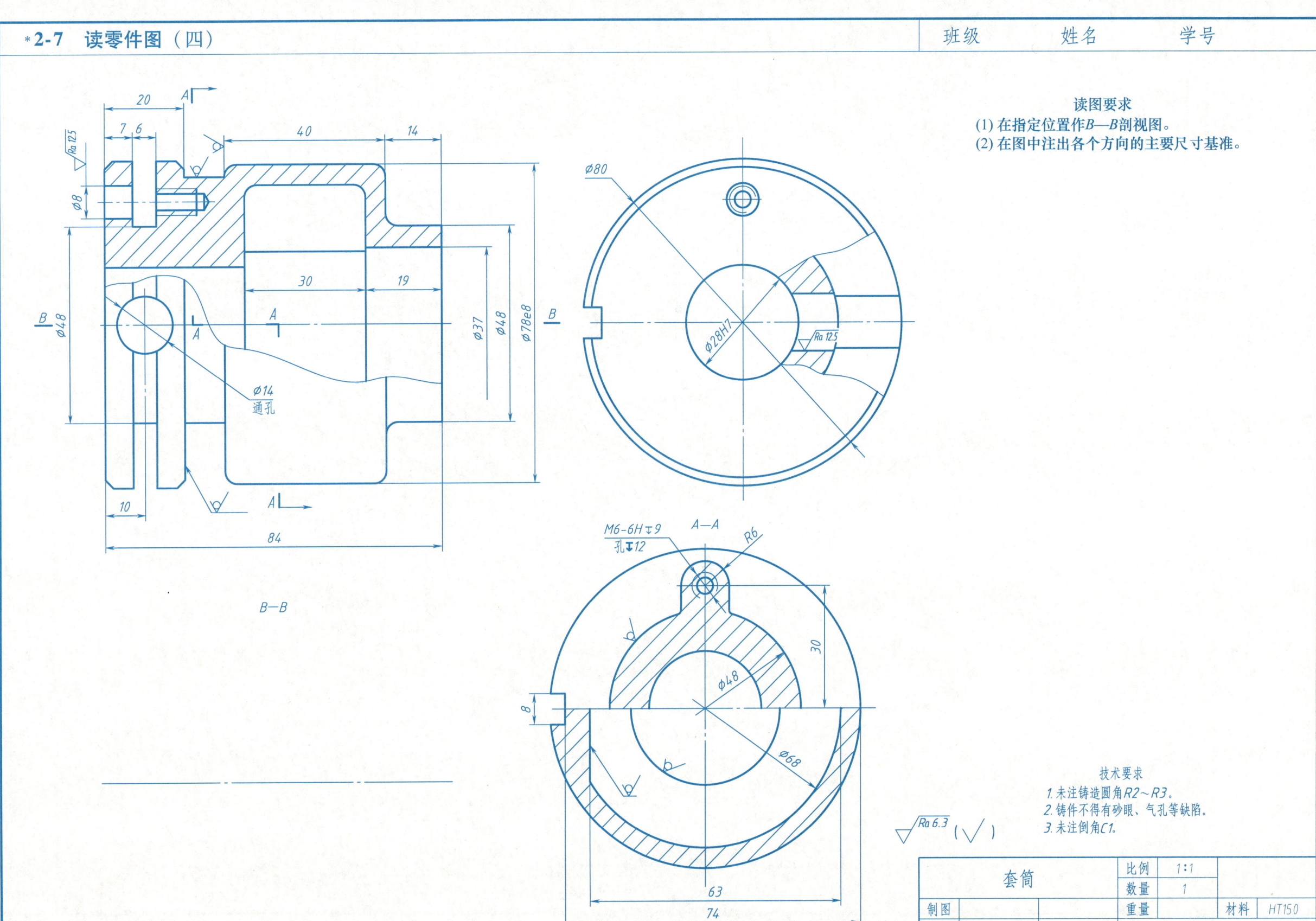

第三章 装配图

3-1 绘制千斤顶装配图（一）

班级　　　姓名　　　学号

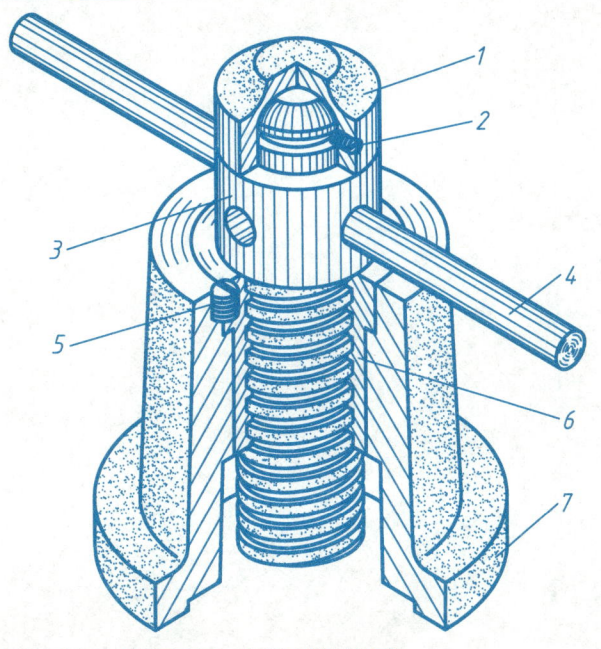

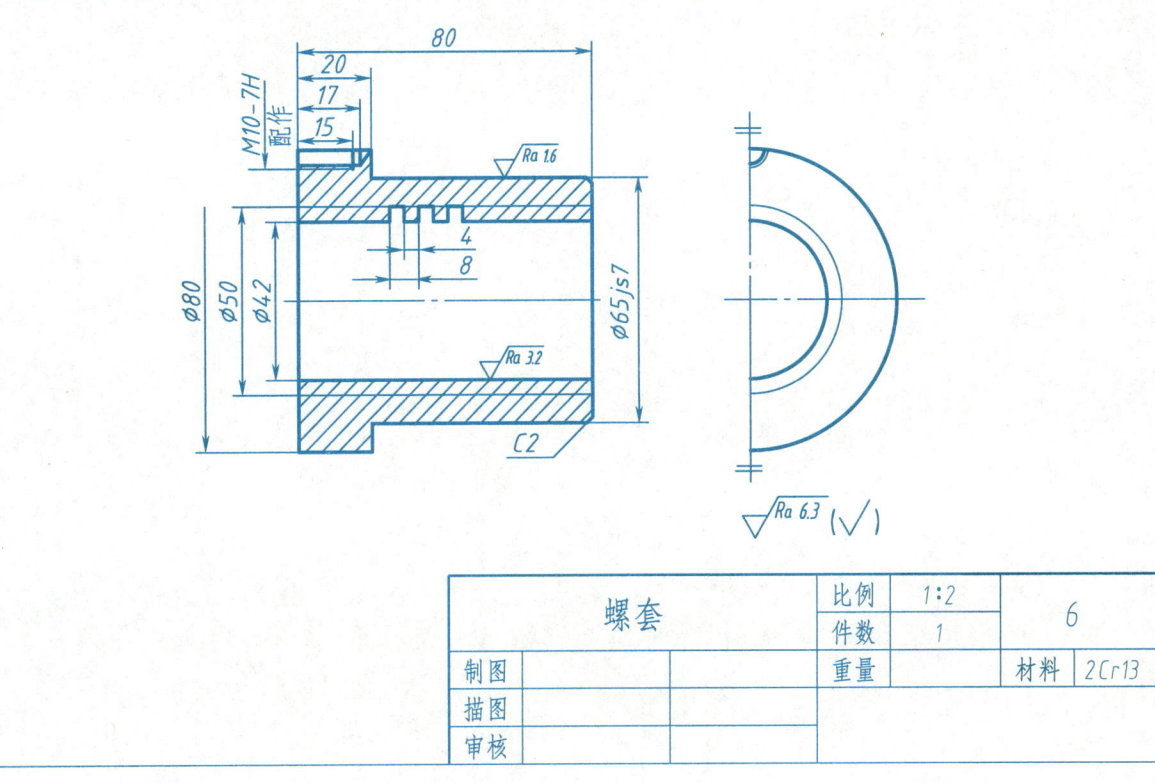

螺套	比例	1:2	6
	件数	1	
制图		重量	材料 2Cr13
描图			
审核			

1. 作业内容：根据零件图和立体图画出千斤顶装配图。
2. 作业目的及要求：了解部件的装配顺序，并练习画装配图。
3. 作业要求
（1）仔细阅读给定的每张零件图，想出零件形状，并根据立体图（或实物）及工作原理简介，按尺寸找出零件之间的相互关系，搞清部件的原理和作用。
（2）根据零件图画装配图。画装配图的步骤、方法及注意事项参考教材。
4. 千斤顶工作原理
　　千斤顶是利用螺旋传动来顶举重物的，是汽车修理和机械安装等常用的一种起重或顶压工具，但顶举的高度不能太大。工作时，铰杠穿在螺旋杆顶部的孔中，旋动铰杠，螺旋杆在螺套中靠螺纹作上、下移动，顶垫上的重物靠螺旋杆的上升而顶起。螺套嵌在底座里，并用螺钉定位，磨损后便于更换修配。螺旋杆的球面形顶部套一个顶垫，由螺钉与螺旋杆连接，但不固定，使顶垫不随螺旋杆一起旋转，也不脱落。

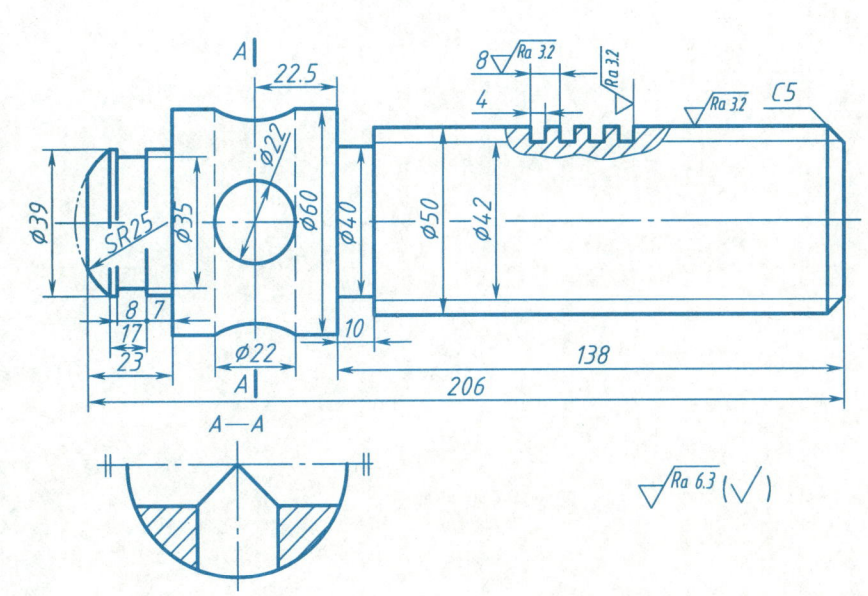

序号	名称	数量	材料	附注
1	顶垫	1	Q235	
2	螺钉M8×12	1	35	GB/T 75—1985
3	螺旋杆	1	2Cr13	
4	铰杠	1	Q235	
5	螺钉M10×12	1	35	GB/T 73—2017
6	螺套	1	2Cr13	
7	底座	1	HT200	

螺旋杆	比例	1:2	3
	件数	1	
制图		重量	材料 2Cr13
描图			
审核			

3-1 绘制千斤顶装配图（二）

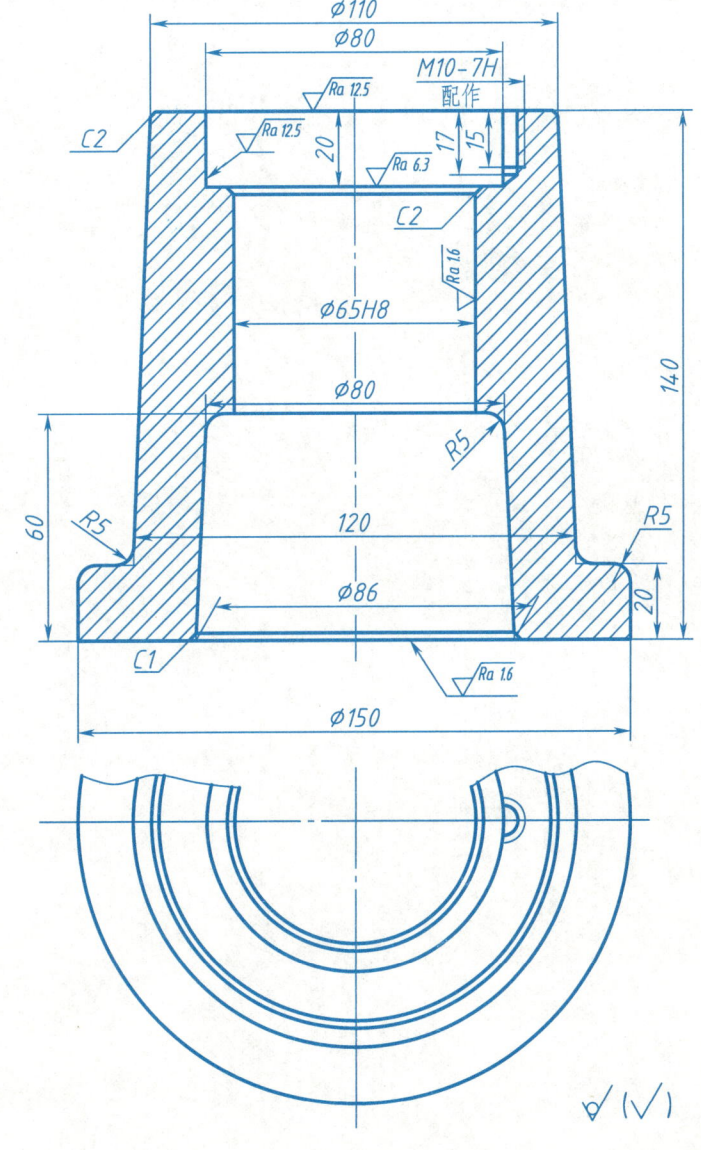

底座　比例 1:2　件数 1　材料 HT200　7

铰杠　比例 1:2　件数 1　材料 Q235　4

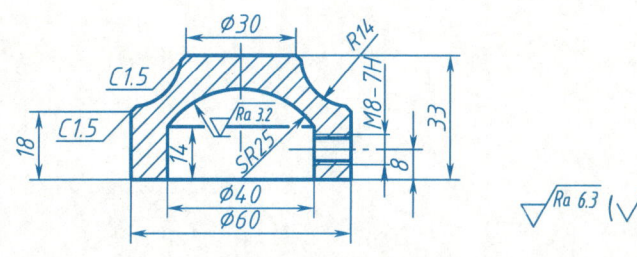

顶垫　比例 1:2　件数 1　材料 Q235　1

3-2 绘制手动气阀装配图

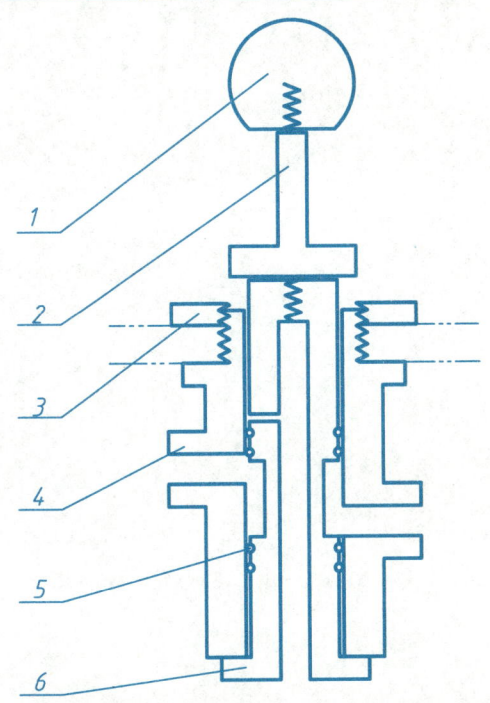

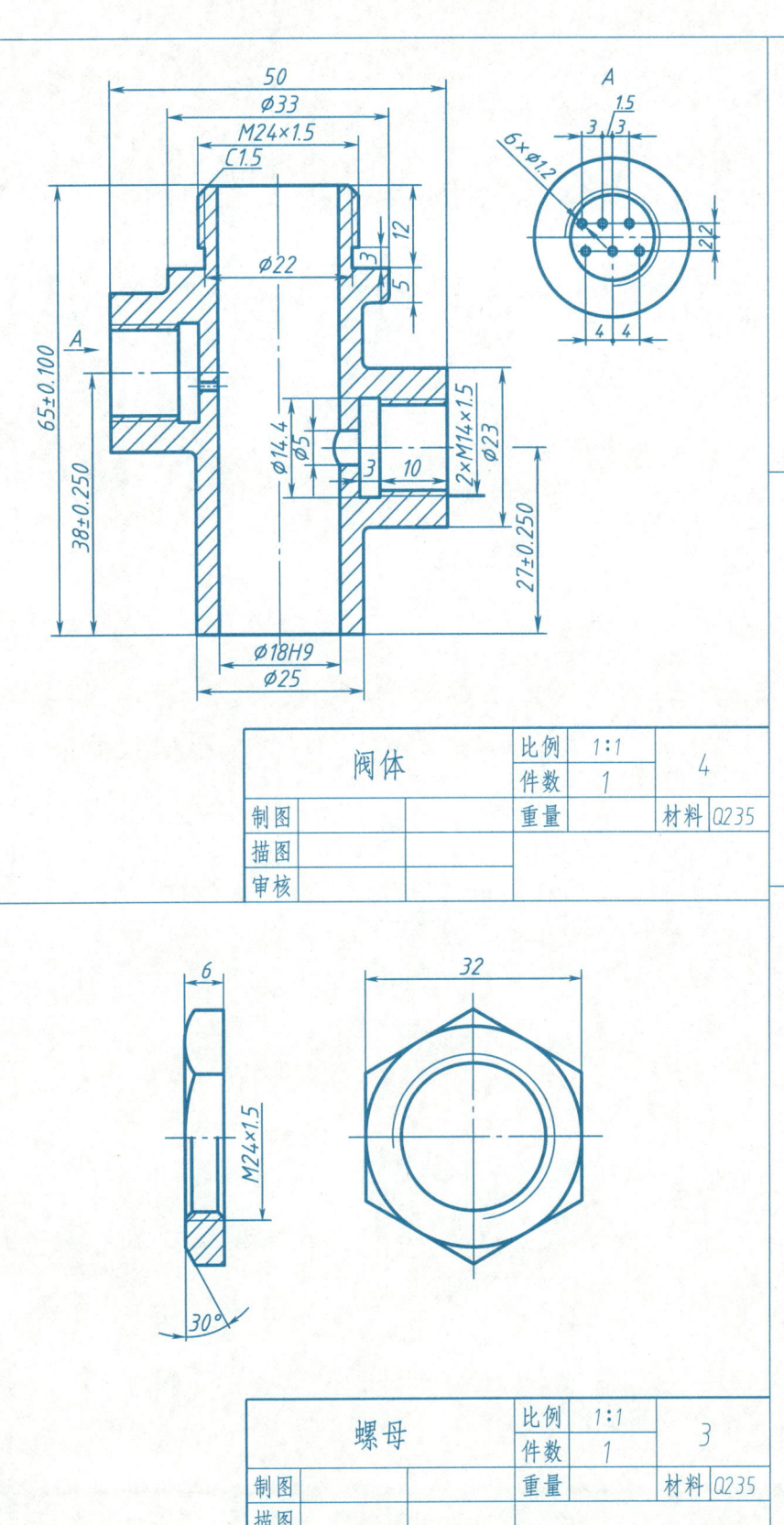

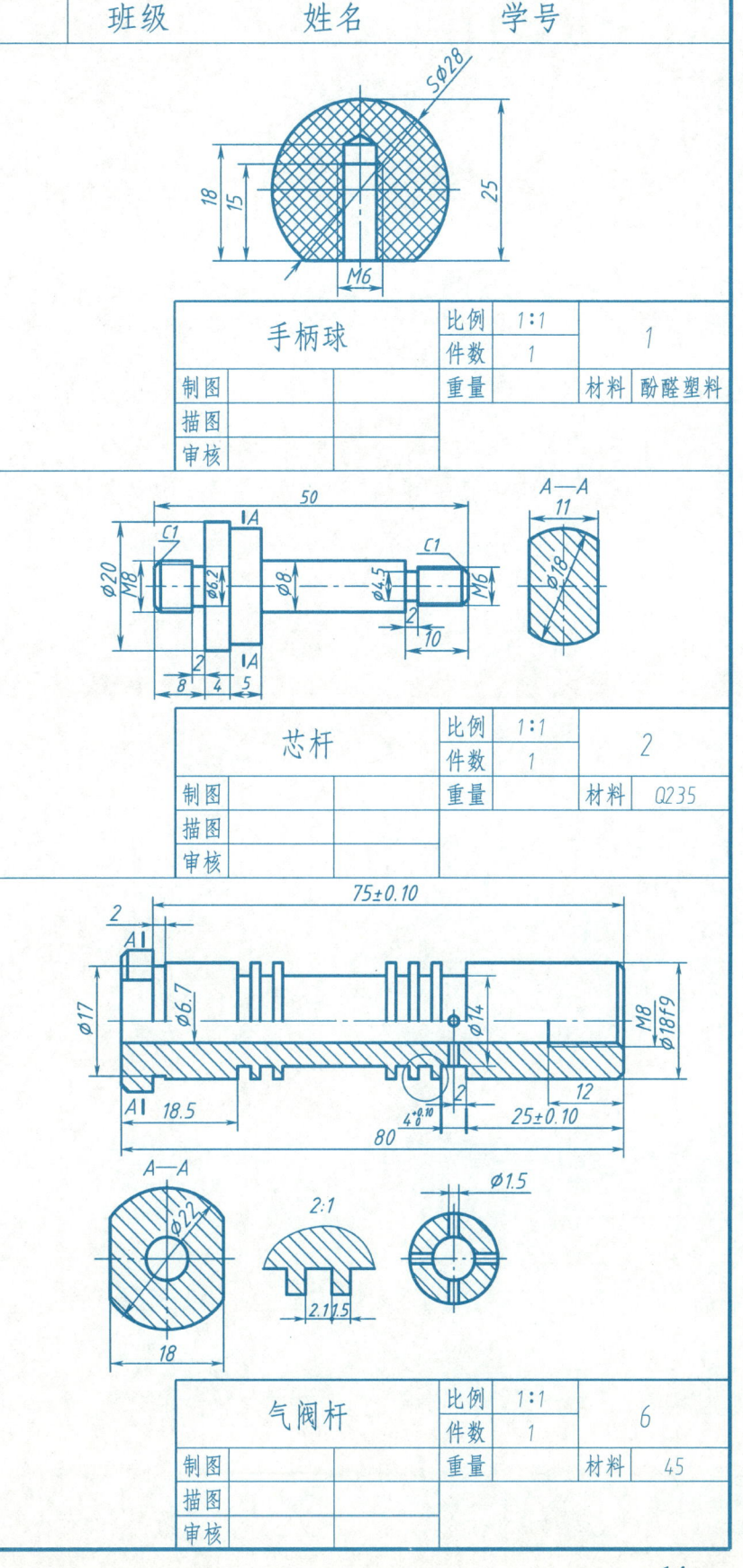

1. 手动气阀工作原理

手动气阀是汽车上用的一种压缩空气的开关机构。

当通过手柄球 1 和芯杆 2 将气阀杆 6 拉到最上位置时，如上图所示，储气筒与工作气缸接通。当气阀杆推到最下位置时，工作气缸与储气筒的通道被关闭，此时工作气缸通过气阀杆中心的孔道与大气接通。气阀杆和阀体 4 孔是间隙配合，装有 O 形密封圈 5 以防压缩空气泄漏。螺母 3 用来固定手动气阀位置。

2. 作业要求

根据装配示意图和零件图，了解部件的装配顺序，用 2:1 的比例、A2 图纸画出装配图。提示：采用主、俯、左三个视图（俯视图拆去手柄球 1 和芯杆 2），局部视图、断面图等视具体情况而定。

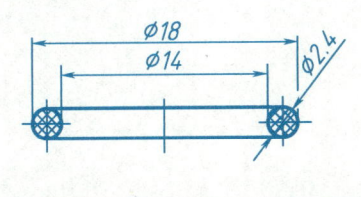

3-3 看120°孔钻模的装配图

1. 工作原理

该钻模是钻床上专用于具有120°分布孔的圆盘类零件钻孔的模具，工件压在底座1和钻模板2之间，钻头对准钻套3即可较准确地钻削工件上沿圆周120°分布的圆孔，更换钻套3可加工不同直径的圆孔。

2. 看图要求

（1）说明此钻模装卸工件的过程。
（2）主视图上圆弧线 I 表示的是什么结构形状？有何用途？它在底座上共有几处？
（3）圆柱销8起什么作用？
（4）$\phi 32H7/k6$ 是指哪两个零件的配合？配合的基准制和配合类型是什么？
（5）拆画底座1和轴6的零件工作图。

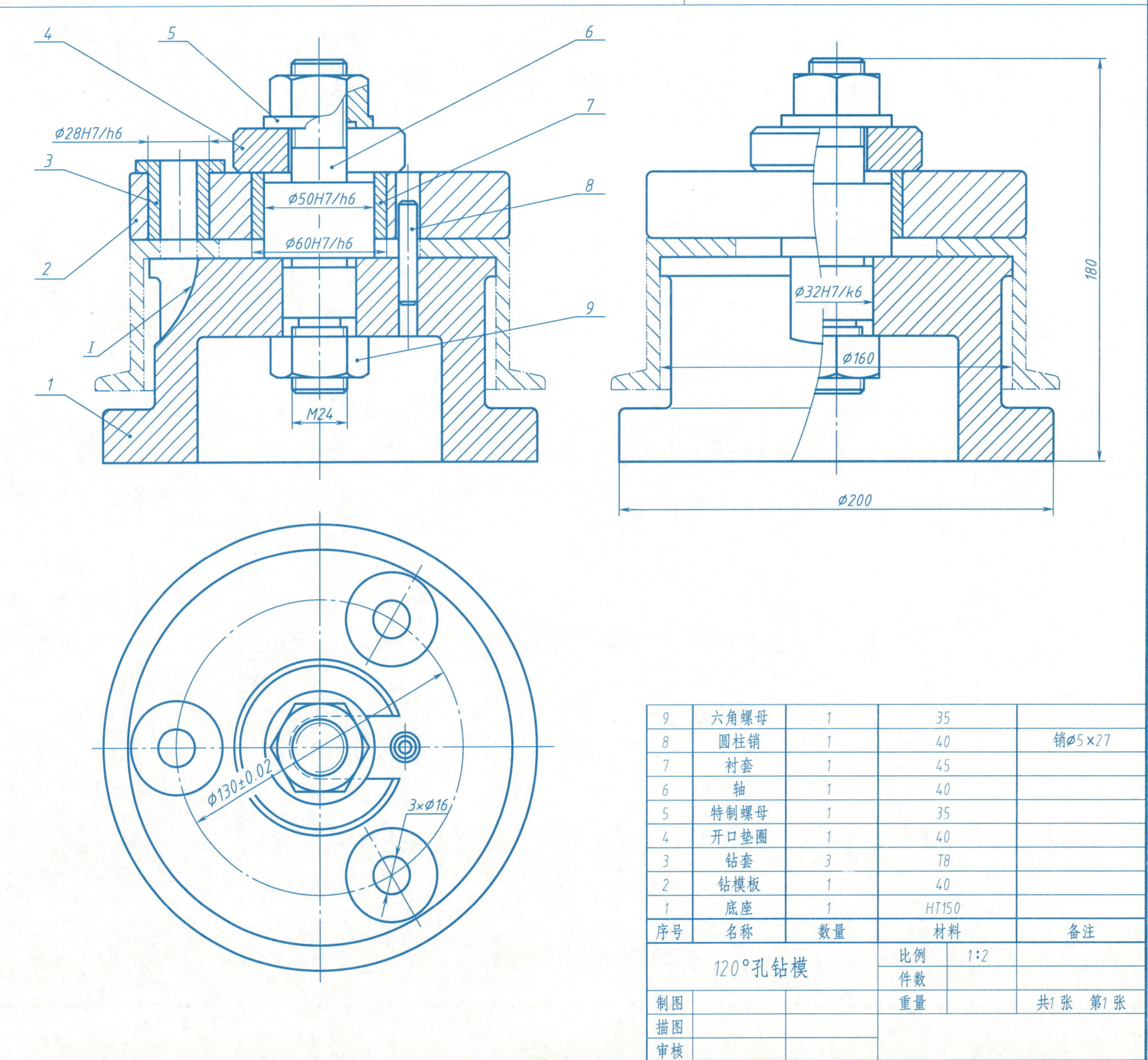

3-4 读止回阀装配图

1. 止回阀工作原理

止回阀是进出口固定不变的单方向阀门。当逆时针旋转阀杆8时，阀杆上移打开阀门，液体从后面 M39×2mm 的螺孔口进入，推开阀瓣5，流入阀体1，从阀体下 φ27mm 的孔处流出；当阀杆下移关闭阀门时，阀瓣在弹簧3的作用下恢复原状。

2. 读图要求

(1) 说明止回阀的装配过程。
(2) 看懂阀瓣5、阀杆8的结构，并画出草图。
(3) 弹簧3起什么作用？
(4) 拆画阀体1的零件图。

班级	姓名	学号

9	填料	1	石棉绳	
8	阀杆	1	H62	
7	螺套	1	HT150	
6	手把	1	H62	
5	阀瓣	1	H62	
4	压盖螺母	1		
3	弹簧2.5×30×60	1	碳素弹簧钢	
2	调节螺母	1	H62	
1	阀体	1	HT200	
序号	名称	数量	材料	备注

止回阀	比例 1:2	
	件数	
制图		重量
描图		
审核		

3-5 读手压阀装配图

1. 看懂手压阀装配图，完成下列各题。
   (1) 解释尺寸12H9/f9的含义（见表）。
   (2) 7号零件起什么作用？12号零件起什么作用？
   (3) φ10F9/h8、φ6H9/h9 分别表示哪两个零件的配合？
   (4) 拆画阀座 3、托架 6 的零件图。

12 表示	
H9 表示	
f9 表示	
配合制度	制
配合种类	配合

2. 工作原理
手压阀是在液压回路中控制油液流动的装置。压下杠杆10，则阀杆5压迫弹簧4下移，这时油液从下端口进入，从阀座左端孔流出，是回路"流通"状态。若松开杠杆10，则弹簧4迫使阀杆5复位，阀杆下端的阀瓣部分以锥面接触封死通路，是回路"断开"状态，从而达到控制的目的。

序号	名称	数量	材料	备注
14	圆柱销 4×16	4	35	GB/T 119.1
13	六角螺钉 M5×16	4	Q235A	
12	开口销 3×16	2	Q235A	GB/T 91
11	轴	1	35	
10	杠杆	1	Q235A	
9	压紧螺母	1	Q235A	
8	填料	1	油浸石棉绳	
7	填料压盖	1	Q235	
6	托架	1	Q235	
5	弹簧	1	60Si2MnA	
4	阀杆	1	35	
3	阀座	1	HT200	
2	衬垫	1	皮革	
1	六角头螺塞	1	30	

手压阀　比例 1:1　件数　重量　共1张 第1张

制图			
描图			
审核			

班级　姓名　学号

第四章 其他工程图样

4-1 焊接图与展开图

班级　　　姓名　　　学号

1. 写出下列焊接接头和焊缝型式的名称。

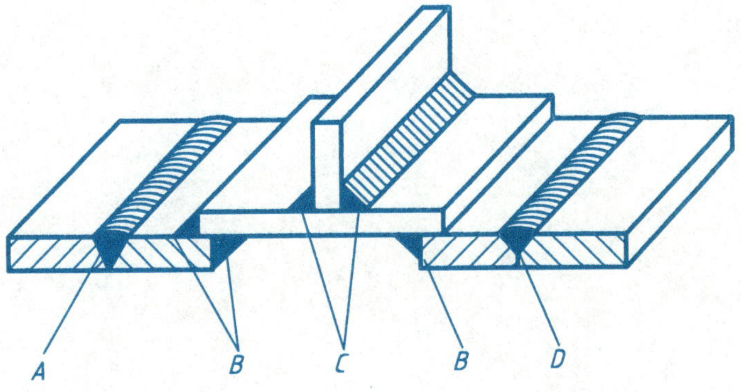

A _____
B _____
C _____
D _____

2. 看图标注下列焊缝的符号。

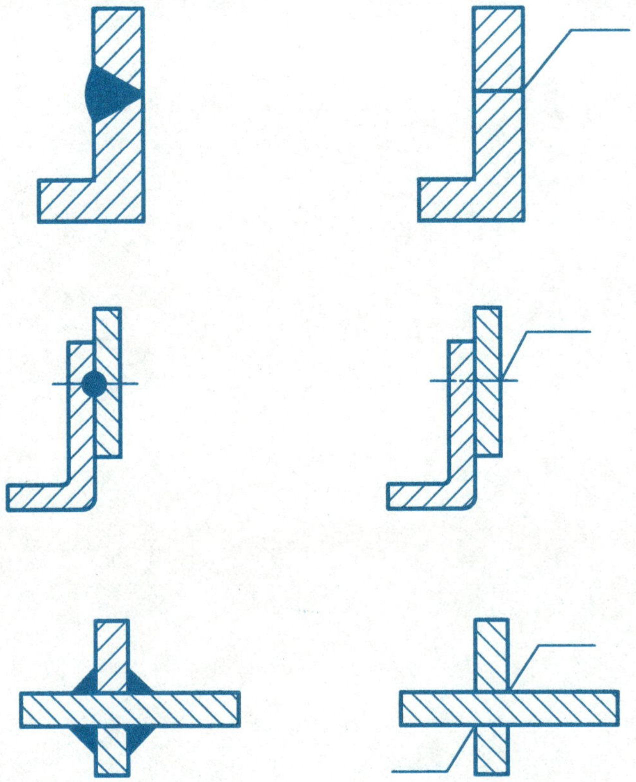

4. 按图示画出矩形斜口漏斗的展开图。

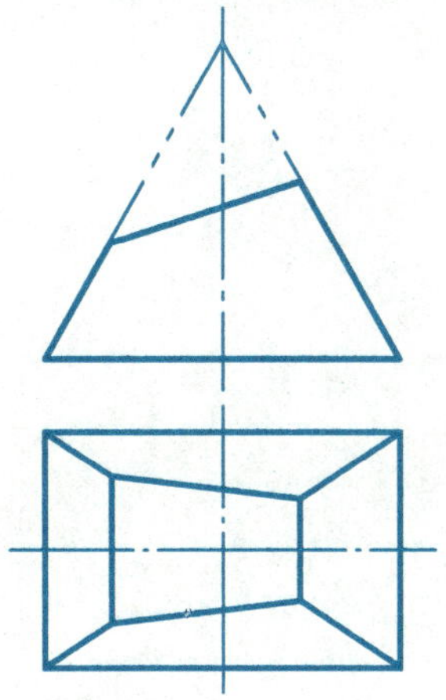

3. 对下列焊接标注示例中的数字及符号进行解释。

(1) 5⌓12×80(10)　_____

(2) 60° ∨ 4　60°表示 _____　∨表示 _____

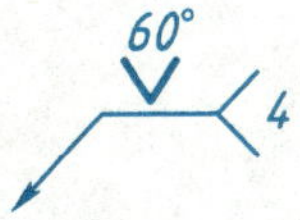

　　4表示 _____

(3) ⌐4⌐　⌐表示 _____

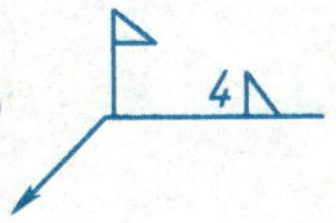

　　⌐表示 _____

· 18 ·

4-2 展开图

1. 按图示画出变形接头的展开图。

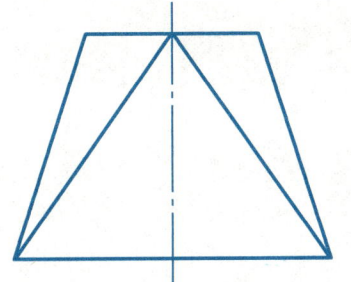

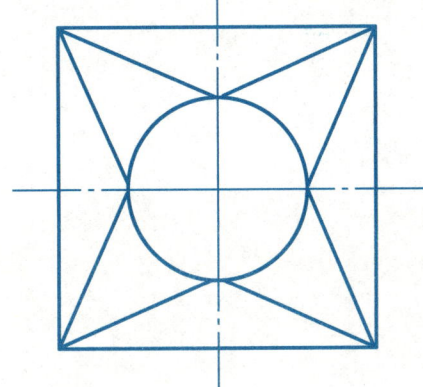

2. 按图示画出弯管的展开图。

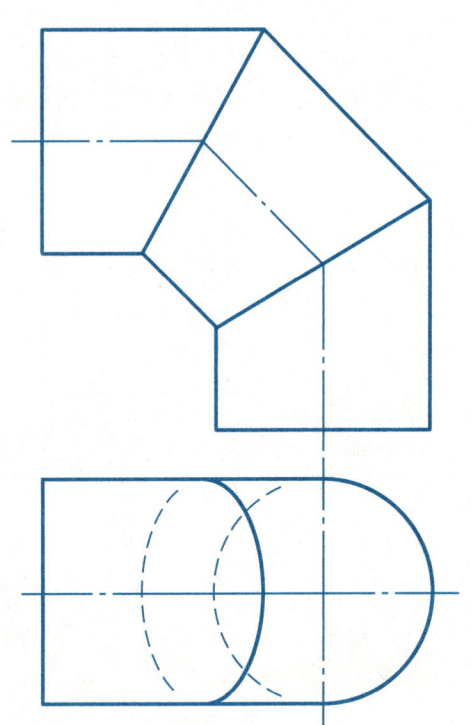

第五章 计算机绘图

5-1 按1:1的比例用CAD软件绘制下列各图（不标尺寸）　　　班级　　姓名　　学号

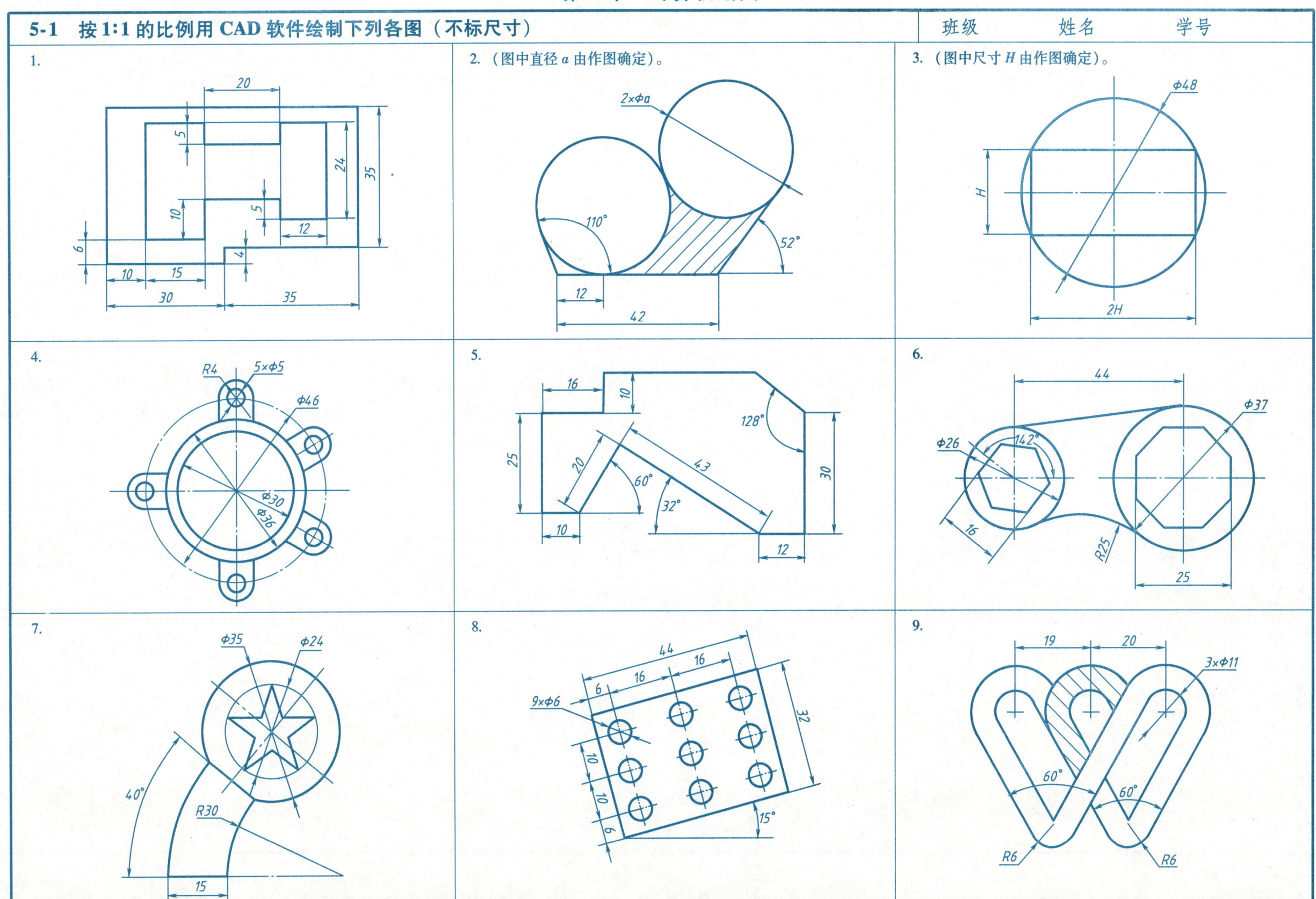

5-2 按 1:1 的比例用 CAD 软件完成下列各图　　　　　　　　　班级　　姓名　　学号

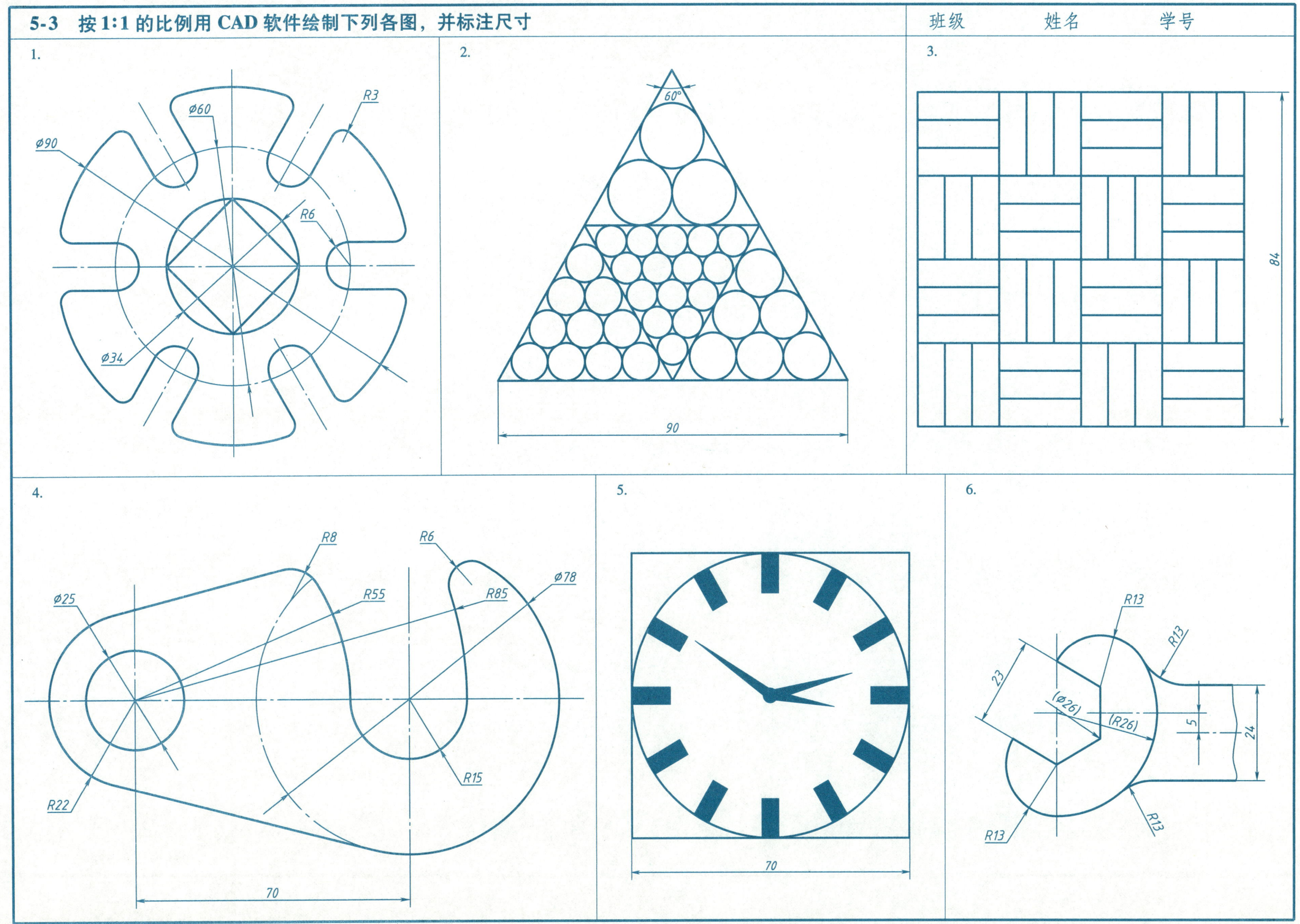

5-4　按要求用 CAD 软件绘制下列图形　　　　　　　　　班级　　　姓名　　　学号

1. 用 CAD 软件画出以下各种图线。

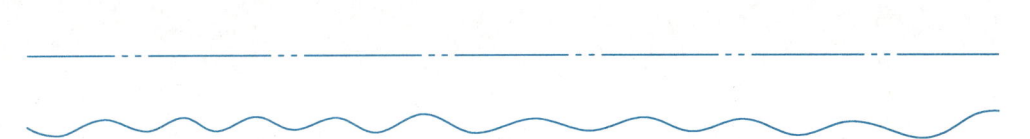

2. 采用 1:1 的比例，绘制组合体的三视图，并标注尺寸（图中孔均为通孔）。

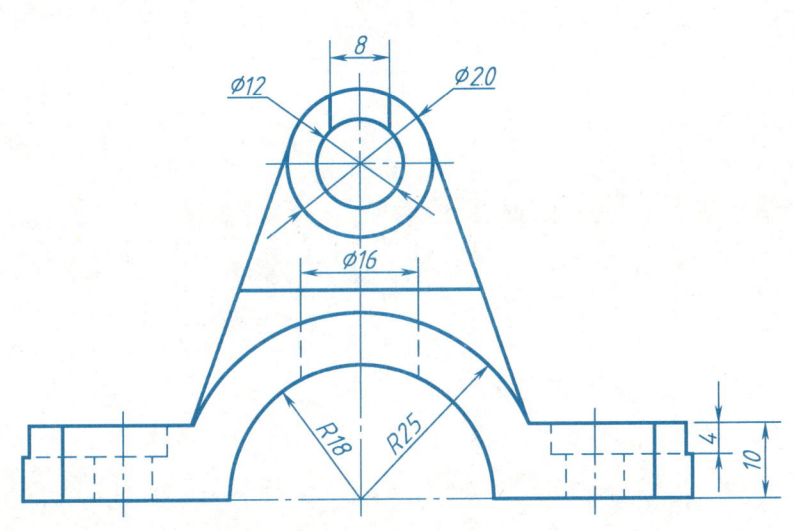

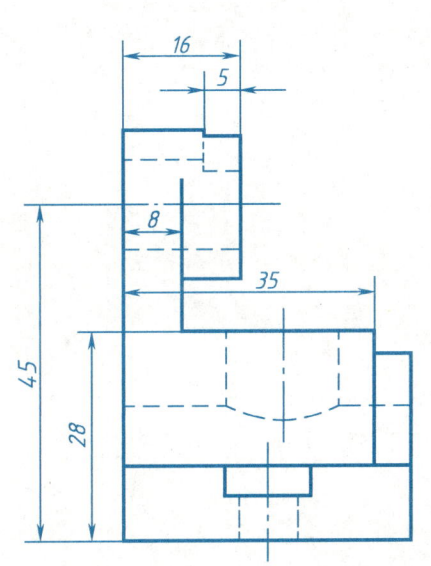

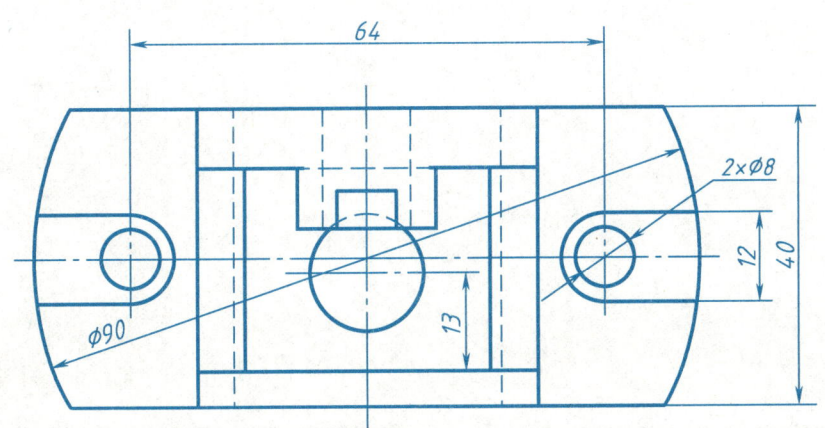

3. 按 1:1 比例补画组合体左视图并标注尺寸。

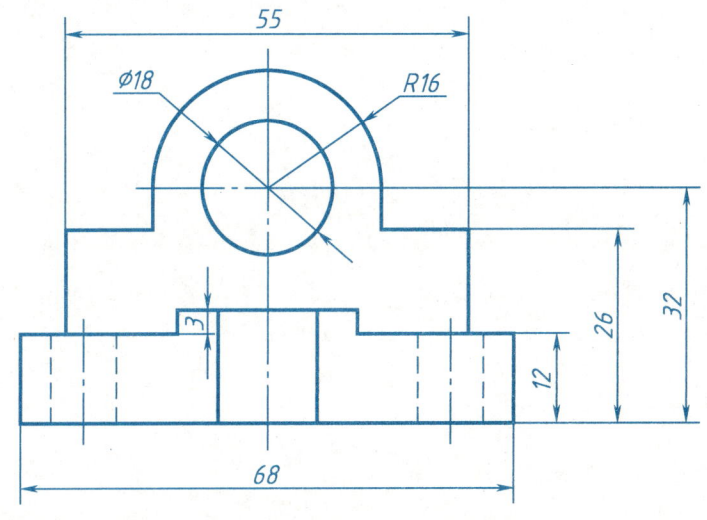

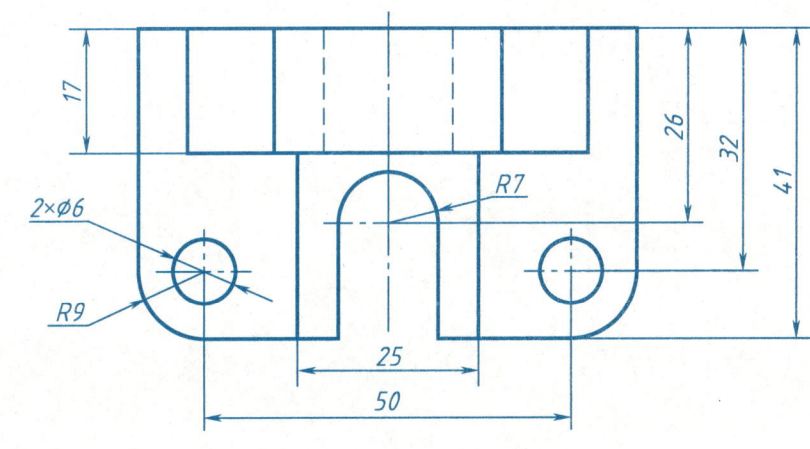

5-5 根据轴测图，用 CAD 软件画出组合体的三视图（比例 1:1），并标注尺寸

1.

2.

5-6 按要求用 CAD 软件绘制下列图形

班级　　　姓名　　　学号

1. 根据三视图，按照 1∶1 比例绘制正等轴测图。

2. 绘制主视图的全剖视图，左视图的半剖视图，并标注尺寸（比例 1∶1）。

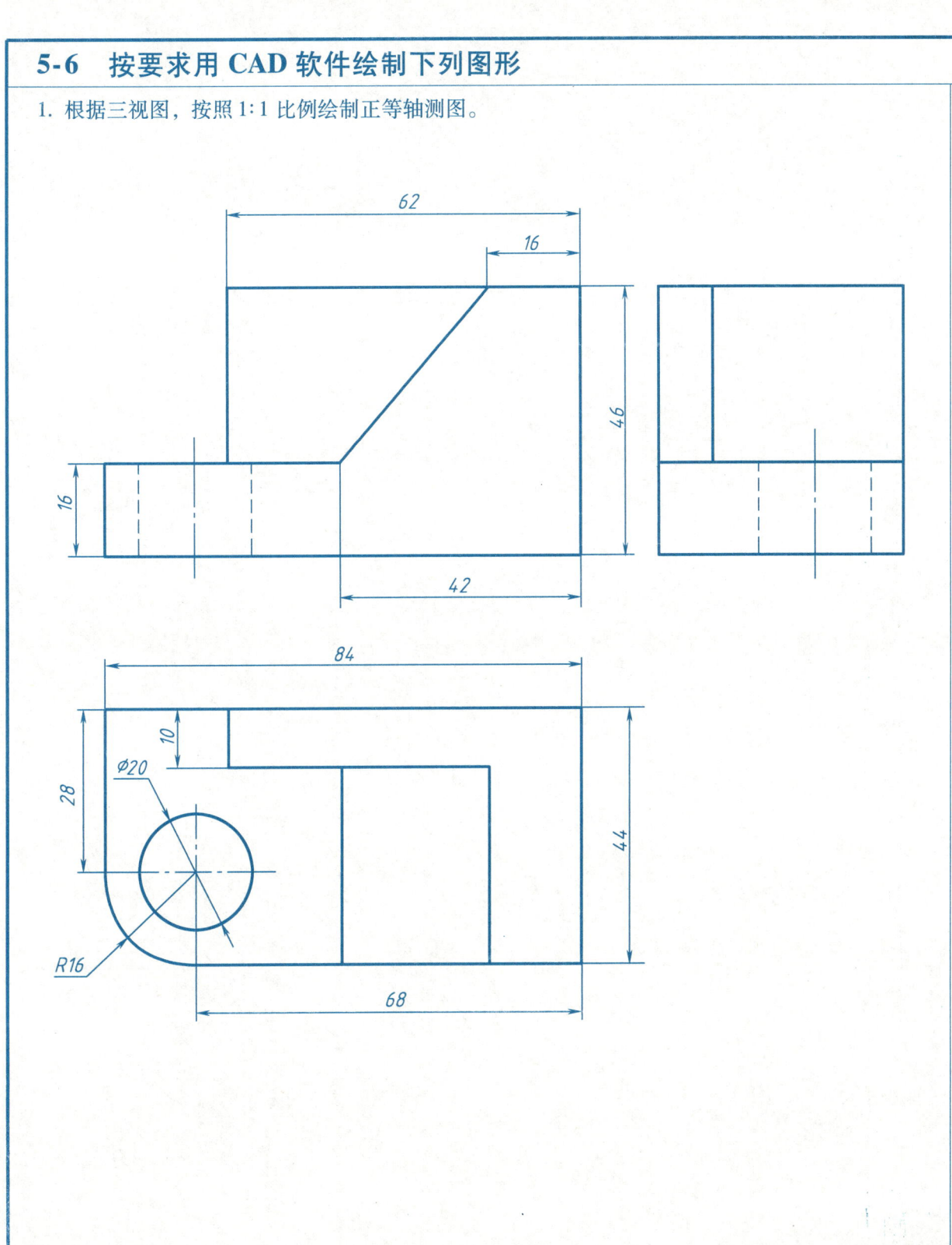

5-7 按1:1的比例用CAD软件绘制法兰盘的零件图

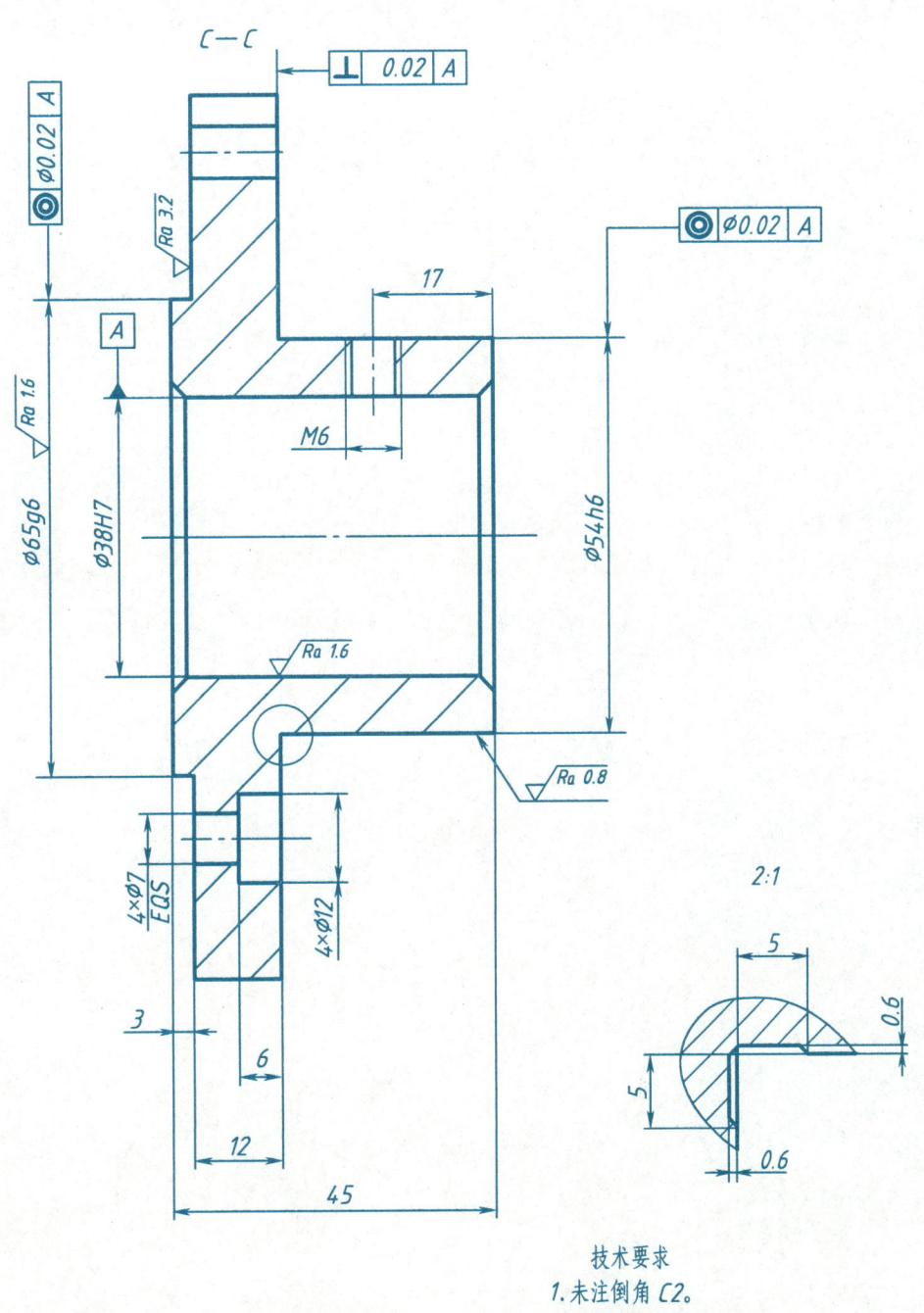

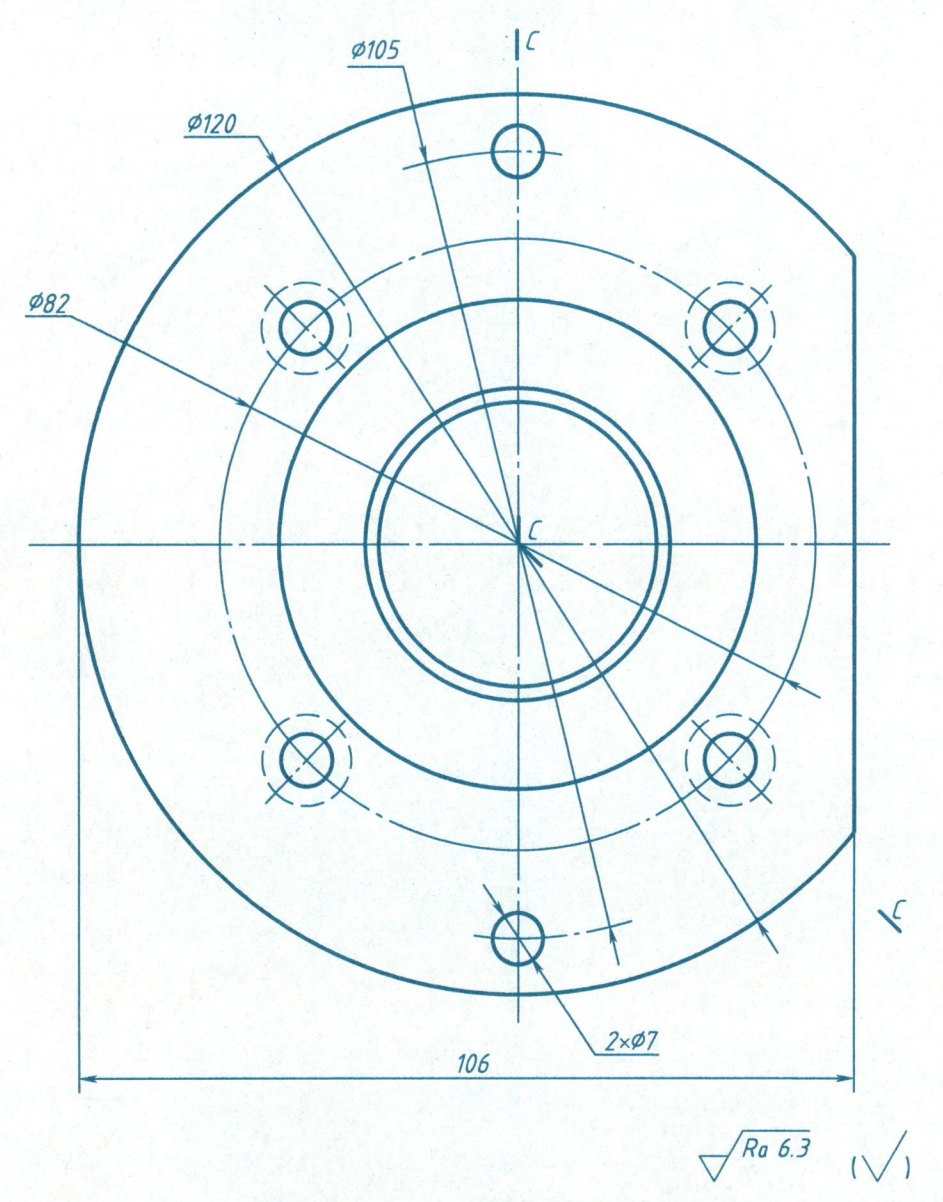

技术要求
1. 未注倒角 C2。
2. 未注圆角 R1.6。

法兰盘　比例 1:1　件数 1　材料 45

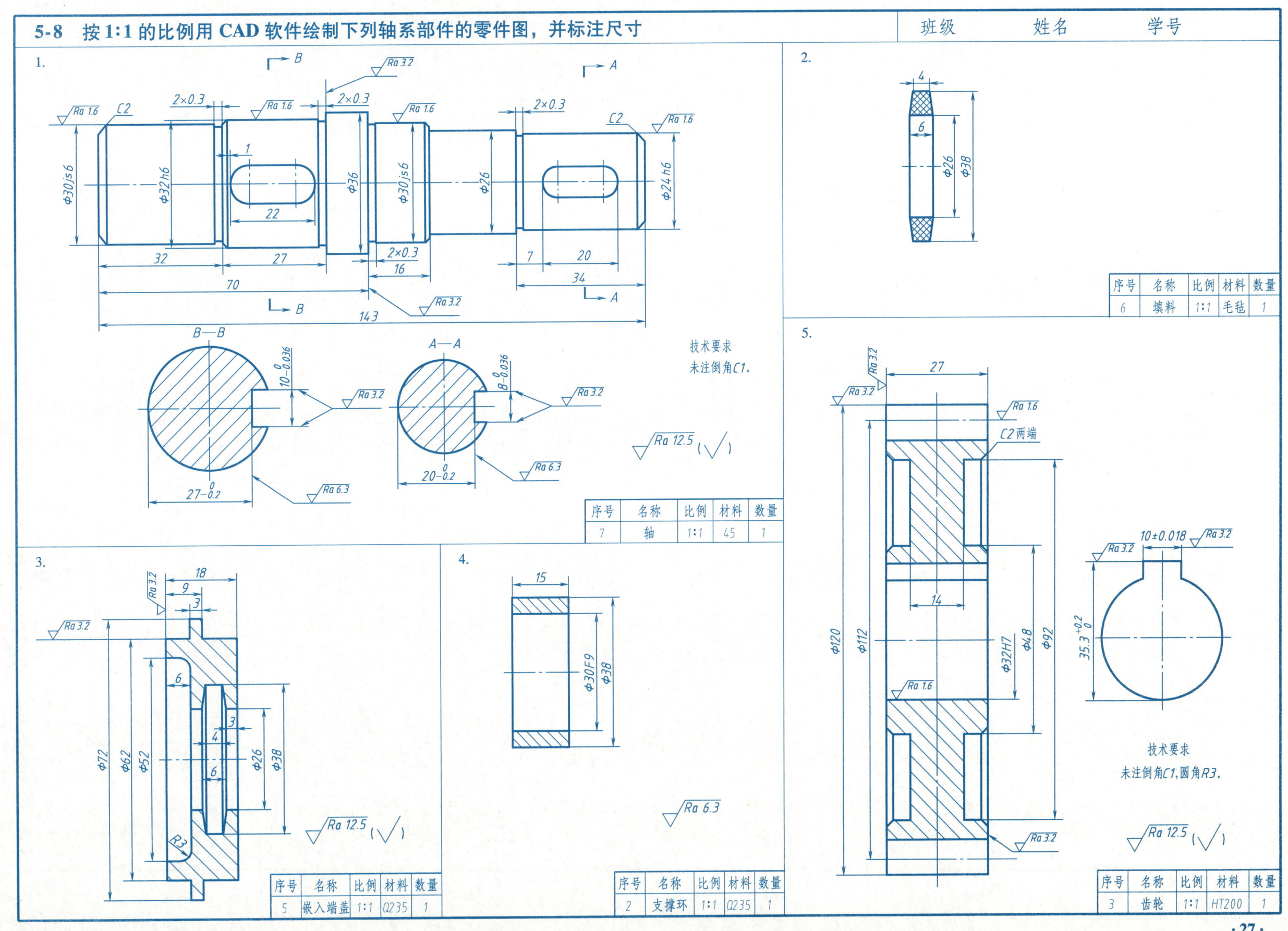

5-9 根据题 5-8 中的轴系部件的零件图绘制轴系部件的装配图，并标注尺寸

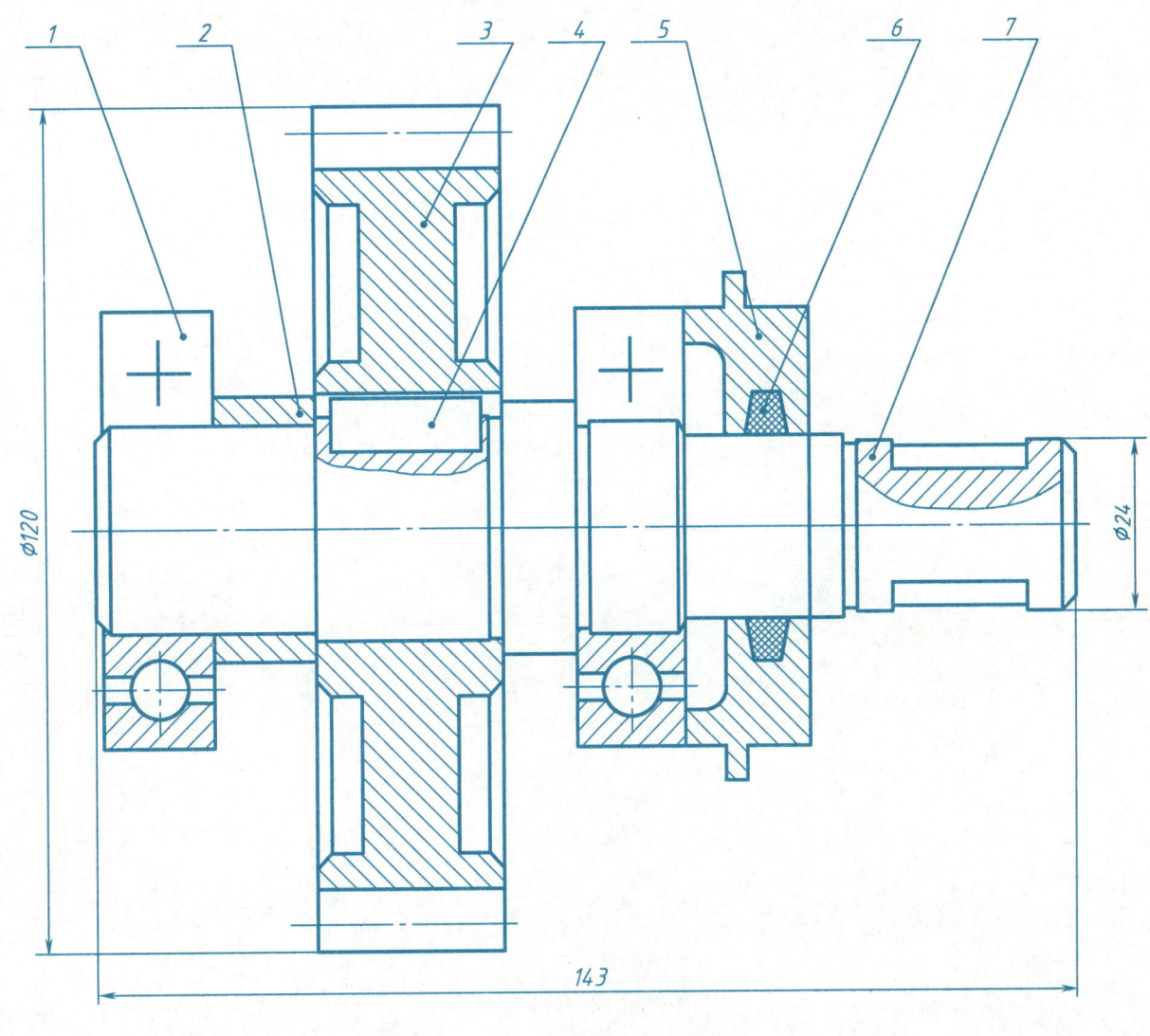

轴系部件工作原理

轴系部件是减速器中传动系统的一部分。轴由轴承支撑，齿轮通过支撑环和轴肩进行轴向定位，嵌入端盖在密封箱体的同时还对轴承外圈轴向固定。

7	轴	1	45	
6	填料	1	毛毡	
5	嵌入端盖	1	Q235	
4	键10×8×22	1	45	GB/T 1098—2003
3	齿轮	1	HT200	
2	支撑环	1	Q235	
1	滚动轴承6206	2	组合件	GB/T 276—2013
序号	名称	数量	材料	备注
轴系部件		比例	1:1	
		件数		
制图		重量		共1张 第1张
描图				
审核				

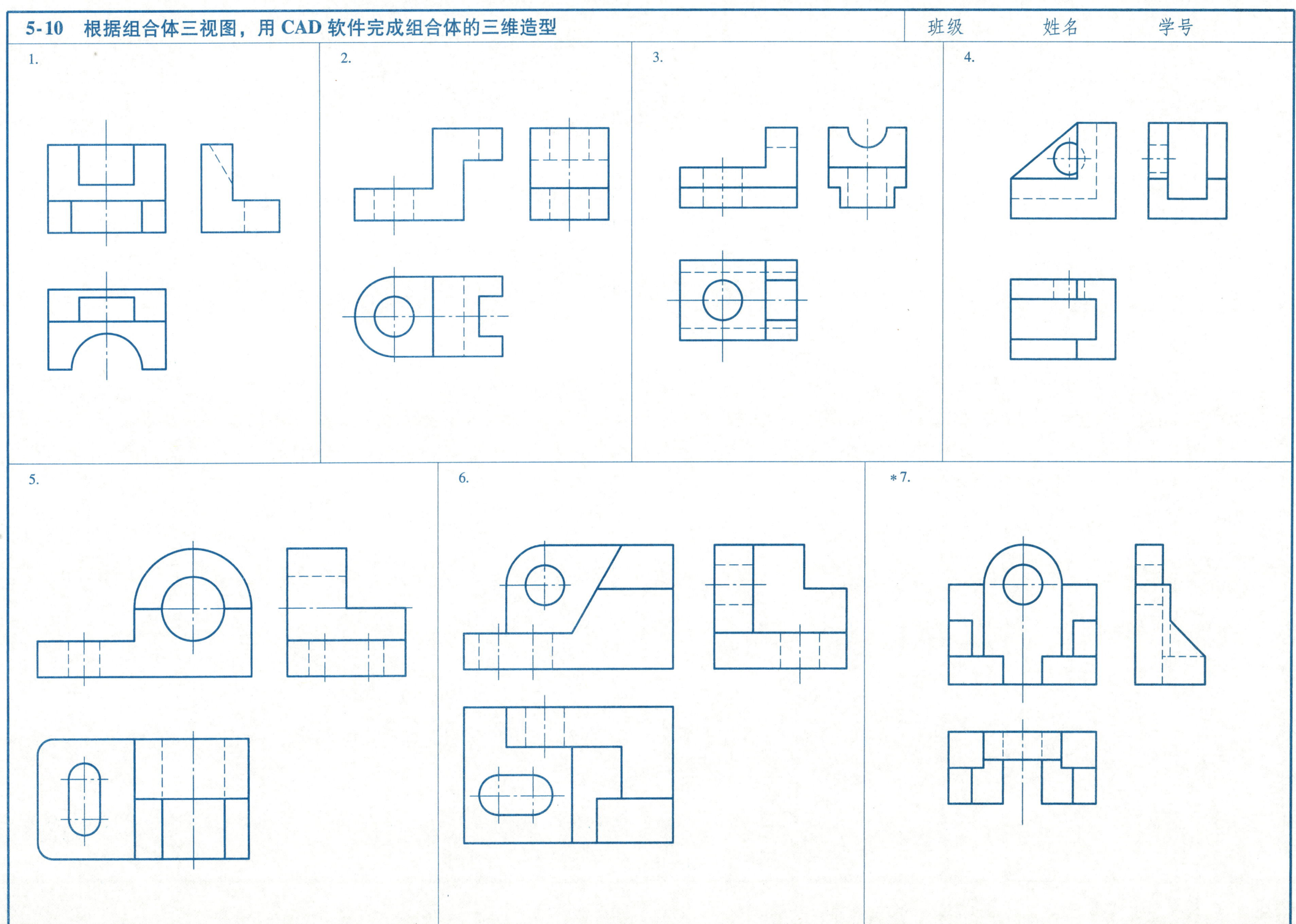

参 考 文 献

[1] 戚美. 机械制图习题集 [M]. 北京：机械工业出版社，2013.
[2] 梁会珍. 现代工程制图习题集 [M]. 北京：机械工业出版社，2013.
[3] 王农，戚美，梁会珍，等. 工程图学基础习题集 [M]. 3 版. 北京：北京航空航天大学出版社，2013.
[4] 王农. 工程制图训练与解答 [M]. 北京：机械工业出版社，2012.
[5] 大连理工大学工程图学教研室. 现代工程制图习题集 [M]. 5 版. 北京：高等教育出版社，2012.